Jendrusch/Ritschel/Wachtel

Das Linksphänomen

Andrej Jendrusch / Manfred Ritschel
Siegfried Wachtel

Das Linksphänomen

Die eigenwillige Prägung des Lebens

Ch. Links Verlag, Berlin

»Das Linksphänomen – Eine Entdeckung und ihr Schicksal« war der erste Titel unseres 1989 gegründeten Verlages. Das Buch erscheint zum 20. Jubiläum 2009 in einer aktualisierten und erweiterten Neuausgabe.

Die Deutsche Nationalbibliothek verzeichnet diese Publikation in der Deutschen Nationalbibliografie; detaillierte bibliografische Daten sind im Internet über http://dnb.d-nb.de abrufbar.

2., aktualisierte und erweiterte Auflage, September 2009

Schönhauser Allee 36, 10435 Berlin, Tel.: (030) 44 02 30-0
www.christoph-links-verlag.de; mail@christoph-links-verlag.de
Umschlaggestaltung: KahaneDesign, Berlin,
unter Verwendung einer Abbildung der
linksdrehenden DNS-Doppelhelix
Satz: Margret Kowalke-Paz, Berlin
Druck und Bindung: Druckerei F. Pustet, Regensburg

ISBN 978-3-86153-553-9

Inhalt

Vorwort zur Neuausgabe

1990 erschien im gerade gegründeten Verlag von Christoph Links ein Buch mit dem beziehungsreichen Namen »Das Linksphänomen«. Ich hatte Siegfried Wachtel, dem das Werk Inspiration, Titel und den autobiographischen Teil verdankt, durch die gemeinsame Arbeit am Institut für Tropen- und Infektionskrankheiten in Berlin-Buch kennengelernt und ihn an den Jungverleger vermittelt. Dieser ließ sich von der Begeisterung des promovierten Arztes und Mikrobiologen anstecken, bat ihn um 180 Seiten, setzte das Erscheinen des geplanten Werkes zur Frankfurter Buchmesse fest und harrte mit sanfter Ungeduld der Dinge. Der schließlich gelieferte Text fiel indes kürzer aus als erwartet.

Da der Starttermin nunmehr ernsthaft gefährdet schien, wurde ich durch freundlichen Druck von Herrn Links (sein Verlag hieß schließlich damals noch LinksDruck) zum Koautor ernannt, der in den verbleibenden Wochen eine Einleitung und zehn populärwissenschaftliche Kapitel beisteuern durfte. (Sie unterscheiden sich durch eine andere Schrift vom Text Siegfried Wachtels.) Eine tour de force durch Kulturgeschichte und Atomphysik, optische Isomere, Chiralität (Händigkeit) in der Pflanzenwelt und funktionale Asymmetrien des Menschen. (Und das für jemanden, der seit seiner Kindheit mit den Händen wedeln muss, um überhaupt zu wissen, wo rechts und links ist ... Am Ende des Buches findet sich daher noch mal eine klare Begriffsbestimmung, was eigentlich Links ist.)

»Das Linksphänomen«, das die bevorzugte Wachstums- und Bewegungsrichtung in der Natur behandelt – anschauliche Beispiele sind Schneckenhäuser, Händigkeit, Drehungen –, wurde erfreulich positiv aufgenommen. Der Deutsche Taschenbuchverlag übernahm eine Lizenzausgabe, die 1993 unter dem Titel »Der Linksdrall in der Natur« erschien und 1994 noch eine Nachauflage erlebte. Seither tauchte das Thema immer wieder in Presse, Rundfunk und Fernsehen auf. Der »Spiegel« veröffentlichte beispielsweise 2007 einen Beitrag unter dem Titel »Überleben mit Links«. Hier sei nur auf einige neue Aspekte verwiesen.

Der Grund, warum das menschliche Herz (und das vieler Tiere) auf der linken Seite sitzt, hängt nach Erklärung eines internationalen Teams unter A. Raya vom Salk Institute in Kalifornien offenbar mit der Konzentration von Kalzium zusammen. Die Forscher stießen auf eine Signalkette, die Schwankungen der Ionenkonzentration in genetische Mechanismen übersetzt, welche schon wenige Stunden nach der Befruchtung im Embryo die Körpersymmetrie teilweise aufheben. Dabei führt ein Ungleichgewicht von Kalziumionen außerhalb der Keimzellen zur Produktion eines spezifischen Proteins, das Linkslastigkeit molekular fixiert. Für N. Monk von der Universität Sheffield ist dies der erste entwicklungsbiologische Nachweis dafür, wie sich nichtgenetische Einflüsse in genetischen Mustern manifestieren.

Bochumer Forscher wiederum wiesen an pickenden Hühnern und Tauben nach, dass sich diese bei gleichmäßig gestreuten Körnern häufiger für die zu ihrer Linken entschieden und die zu ihrer Rechten übersahen. (Beim Menschen ist der Hang, die Aufmerksamkeit eher nach links zu richten, schon länger bekannt, was bei der Produktpräsentation im Eingangsbereich großer Warenhäuser Berücksichtigung findet.) Da beide Vogelarten nicht über die bislang für dieses Phänomen verantwortlich gemachte Hirnstruktur verfügen, kamen die Wissenschaftler zu dem Schluss, dass die Bevorzugung der linken Seite wohl schon vorhanden sein musste, ehe sich Vögel und Säugetiere auseinanderentwickelten.

Der nach wie vor interessanteste und zukunftsträchtigste Aspekt aber bleiben Chiralitäten im molekularen Bereich, auch wenn die Vorgänge dort nicht immer leicht verständlich sind. Tunnelmikroskopie-Untersuchungen der Selbstanordnung von Festkörperoberflächen ermöglichten hier aber überraschende Einblicke in die Wechselwirkungen zwischen den Molekülen. Mittels gezielter Verfahren lassen sich etwa schraubenförmige Polymere gleichförmig ausrichten.

Unter diesem Gesichtspunkt gewinnen auch Flüssigkristalle an Bedeutung. Besitzen diese geeignete Moleküle, entsteht auch hier unter bestimmten Bedingungen eine übergeordnete Chiralität – die Moleküle jeder Schicht weisen dann eine Vorzugsrichtung auf. Beim Übergang von einer Schicht zur nächsten dreht sich diese Vorzugsrichtung, wodurch eine helikale Struktur aufgebaut wird, also eine Links- oder eine Rechtsspirale entsteht.

Diese Resultate sind auch deshalb bedeutsam, weil sie zu neuen Auffassungen über den Ursprung und die Linksprägung des Lebens führen. Dem sogenannten Ursuppen-Experiment, das unter Laborbedingungen einfache organische Verbindungen, aber auch Aminosäuren entstehen ließ, wird mittlerweile oft vorgeworfen, dass dies im Kleinen funktionieren mag. Unter den Bedingungen der Urozeane aber hätte die geringe Konzentration der beteiligten Stoffe nie ausgereicht, um längerkettige Biomoleküle zu erzeugen, geschweige denn, stabil zu halten.

So geht die aktuelle Oberflächen- oder Biofilm-Theorie davon aus, dass wohl kristalline Materialien, wie Pyrit oder Molybdänit, als Katalysatoren und Schablonen für die Entstehung von Lebensbausteinen gedient haben. Um so mehr, als Versuche zeigten, dass sich auf diese Weise in der Tat Polypeptide, aber auch längerkettige Zucker, als Vorläufer der Nukleinsäuren, erzeugen lassen.

Bei ihrer Suche nach der begrenzenden, schützenden Vorstufe der Zellen stießen Forscher der Universität Glasgow auf hydrothermale Quellen am Meeresgrund. Diese lagern Pyrit als poröse Struktur ab. Dessen winzige Hohlräume fungieren als eine mineralische Membran. In deren Hülle könnten sich aus dem einströmenden, mit anorganischen Substanzen angereicherten Wasser über Zucker, Aminosäuren und Basen erste Enzyme und später RNA und DNA gebildet haben.

Der Biochemiker R. Ghadiri vom amerikanischen Scripps-Institut schließlich wies nach, dass schon einfache, sich selbst kopierende Polypeptide in einer Art chiraler Selektion nur diejenigen Aminosäuren eines Rechts-Links-Gemisches benutzen, die die richtige Händigkeit aufweisen. (Auch in dem 1969 in Australien niedergegangenen Murchison-Meteoriten, mit 4,5 Milliarden Jahren ebenso alt wie die Erde, entdeckten Wissenschaftler mehr als 70 Aminosäuren, unter denen die linksdrehenden um ein Drittel überwogen.)

Siegfried Wachtel habilitierte sich zusammen mit seinem langjährigen Mitarbeiter, dem Physiker Manfred Ritschel, 1990 zum Dr. sc. phil. an der Humboldt-Universität zu Berlin durch eine Schrift mit dem Titel »Information und Evolution in der Einheit von Mensch und Natur – Ein interdisziplinärer Beitrag zum Raum-Zeit-Problem«. Später waren beide noch mehrfach am Forschungsinstitut Göttingen zu Gast bei Prof. Manfred Eigen, der für seine Arbeiten zur Selbstorganisation der Materie den Nobelpreis erhalten hatte. 1991 wurde ihr Antrag auf Forschungsförderung beim Kernforschungszentrum Jülich zwar positiv beschieden, zugleich aber an seinen Ausgangspunkt, das Institut für Molekularbiologie Jena zur weiteren Forschung zurückverwiesen. Jülich wollte sich der Sache nicht annehmen. Für Siegfried Wachtel stellte dies eine herbe Enttäuschung dar, hatte er doch schon eine Odyssee durch mehrere Forschungsinstitute hinter sich. Mit der Berentung folgte sein Rückzug ins Private, das zunehmende Interesse an Familie, Haus und Boot. Mit Öffnung der Archive stellte sich dann auch heraus, warum die Wissenschaftler in ihren Forschungen zu DDR-Zeiten derart behindert worden waren. Es handelte sich vor allem um militärische Gründe. Zum einen gab es streng abgeschirmte parallele Kosmoslabor-Experimente, zum anderen befürchtete man juristische Komplikationen wegen gesundheitlicher Spätfolgen bei Radartechnikern, wenn die Forschungsergebnisse öffentlich würden. Mitte 1998 ereilte den starken Raucher und Kaffeetrinker Siegfried Wachtel, dem bereits ein Bypass implantiert worden war, ein doppelter Schlaganfall. Bis zu seinem Tod am Heiligabend des gleichen Jahres blieb er halbseitig gelähmt und konnte nur noch die Gliedmaßen seiner linken Körperhälfte benutzen.

Manfred Ritschel hat in den vergangenen zwei Jahrzehnten die wissenschaftliche Arbeit am »Linksphänomen« fortgesetzt. Von ihm stammt die »Nachlese« am Ende des Buches, in der die jüngsten Forschungsergebnisse komprimiert dargestellt werden.

Berlin, im Sommer 2009 Andrej Jendrusch

Einleitung

Das vorliegende Buch trägt seinen leicht metaphysisch anmutenden Titel »Das Linksphänomen« aus zweierlei Gründen. Es beschäftigt sich einerseits mit verschiedenen Aspekten des Rechts-Links-Problems oder der Chiralität (Händigkeit) unserer Welt und macht dabei deutlich, daß Rechts und Links innerhalb der belebten Materie einen weitreichenden Informationsgehalt besitzen. Andererseits wird die Hypothese aufgestellt, dass die Fülle linksbetonter Wachstumsformen und Bewegungsabläufe in der Natur einer gewissen Systematik folgt, in die sich selbst Körperasymmetrien einordnen. So hat sich die vorherrschende Rechtshändigkeit des Menschen möglicherweise auch deshalb herausgebildet, weil er, ebenso wie viele Tierarten, Dreh- und Wendebewegungen in jene Richtung bevorzugt, in die auch die Mehrzahl der Schnecken, Windepflanzen und Schraubenbakterien wachsen und in die sich nicht zuletzt die unseren genetischen Code tragende DNS-Spirale dreht – nach links!

Wie und warum solche Asymmetrien auftreten, kann im Einzelnen oft nicht befriedigend geklärt werden. Wichtig scheint indes, dass es sie gibt und sich eine, offenbar durch bestimmte physikalische Faktoren beeinflussbare, Verschiebung zugunsten der linken (oder rechten) Seite nicht, wie bislang angenommen, auf den Elementarteilchenbereich beschränkt. (Bekanntlich gelang der amerikanischen Forscherin C. Wu 1957 an Kobalt-60-Isotopen der experimentelle Nachweis, dass von radioaktiven Kernen ausgestrahlte Beta-Teilchen eine chirale Asymmetrie aufweisen: So entstehen beim Beta-Zerfall etwa 30 Prozent mehr links- als rechtshändige Elektronen. Für die theoretische Physik, die bis dahin von einem grundsätzlichen Richtungsgleichgewicht auch im Bereich der schwachen Wechselwirkungen ausgegangen war, Rechts und

Links mithin als beliebig austauschbar erachtet hatte, bedeutete dies eine Wissenschaftssensation allerersten Ranges. Die von T. D. Lee und C. N. Yang vorausgesagte Entdeckung hieß fortan Sturz der Parität.)

Die folgenden Seiten beginnen dort, wo die meisten Abhandlungen zur Asymmetrie enden – bei Bewegungsformen. An ihnen soll veranschaulicht werden, wie ein Phänomen, das die Menschheit seit ihrer Entstehung begleitet und weite Bereiche der Kulturgeschichte und Philosophie, vor allem aber der Naturwissenschaften, durchzieht, nicht nur übergreifend wahrzunehmen, sondern auch zu nutzen ist. (Zu den im Text verwendeten Arbeitsdefinitionen, insbesondere zu Kurven und Spiralbewegungen, siehe Anhang.)

Rechts und Links waren in der Phantasie vieler Völker schon sehr frühzeitig von einer Aura des Geheimnisvollen umgeben. Auch wirkt es erstaunlich, in welcher Übereinstimmung die zahlreichen Rechts-Links-Mythen mit der Entstehung der Welt in Zusammenhang gebracht werden. Geradezu schockierend aber ist es, wie unglaublich modern viele von ihnen dem Naturwissenschaftler des 20. Jahrhunderts erscheinen müssen. So werden die Geschwistergatten Fu-Hsi und Nü-Kua, das altchinesische Urpaar, meist mit verschlungenen Beinen als Rechts- bzw. Linkshänder dargestellt. Wie wir heute wissen, kommen bei Zwillingen in der Tat häufig unterschiedliche Händigkeiten, bei siamesischen Zwillingen gar Inversionen der inneren Organe vor, das heißt, ein Organismus hat das Herz auf der rechten und die Leber auf der linken Seite! In alten indischen und jüdischen Schriften ordnete man der linken bzw. rechten Seite rationale und emotionale Kategorien in einer Weise zu, wie sie europäische und amerikanische Hirnforscher erst in den letzten Jahren vorzunehmen begannen! Jahrtausendealte Bestattungsriten indonesischer Reisbauern gehen von einem Totenreich aus, dessen Bewohner alle Verrichtungen der Lebenden vollführen – nur tun sie dies spiegelverkehrt. Sie essen mit der linken Hand, bestellen ihre Felder mit seitenvertauschtem Ackergerät und laufen am linken Wegrand, um den Lebenden nicht zu begegnen, da ein solches Zusammentreffen für beide Seiten fatale Folgen hätte. Eine geniale Metapher für die physikalische Antiwelt!

Unten und Oben lassen sich vom Masseschwerpunkt des Planeten ausgehend definieren, Vorn und Hinten von der Laufrichtung des Betrachters. Rechts und Links jedoch galten lange Zeit als störrisches Paar, das sich jeder wissenschaftlichen Einordnung erfolgreich widersetzt. Eine Übermittlung dieser Richtungszuweisungen an Bewohner einer unbekannten Galaxis bezeichneten Techniker und Naturwissenschaftler gleichermaßen als unmöglich (Ozma-Problem). Als Geographen erstmals die leicht birnenförmige Erdgestalt mit ihrem geringfügig abgeplatteten Südpol nachwiesen, schien es machbar, zunächst Nord und Süd und anschließend, mit Hilfe eines stromdurchflossenen Leiters und einer Magnetnadel (s. Kapitel: Physikalisch-technische Aspekte), Links und Rechts zu bestimmen. Dieses Verfahren jedoch setzt voraus, daß sich die astronomischen, geographischen und nicht zuletzt elektromagnetischen Verhältnisse unserer Welt (später kamen noch andere Faktoren hinzu) exakt auf die Heimat unserer Gesprächspartner übertragen lassen. Andererseits wären wir ohne eindeutige Zuweisungen von Rechts und Links noch nicht einmal in der Lage, die Umlaufrichtung unseres Planeten mitzuteilen – mit einem Wort, man war so klug wie zuvor.

Die Schwierigkeit, den Termini Links und Rechts bleibende Allgemeingültigkeit zu verleihen, sie womöglich als mess- und berechenbare Vektoren zu gebrauchen, beschäftigte die bedeutendsten Denker von der Antike bis zur Gegenwart. Entsprechende Fragestellungen fanden im letzten Jahrhundert zunehmend Eingang in die Naturwissenschaft, um sich nun erneut in die Philosophie zu verlagern. Nahmen Platon und Aristoteles, Newton, Leibniz und Kant entweder eine göttliche Festschreibung oder beliebige Austauschbarkeit beider Begriffe an, die in jedem Fall ihres Inhalts beraubt wurden, so scheint nach dem gegenwärtigen Erkenntnisstand der Atomphysik das Ungleichgewicht zwischen Links und Rechts so ziemlich die einzige Klammer zu sein, die unsere Welt definitiv mit anderen Welten verbindet. Diese absurd wirkende Behauptung stützt sich auf die erwähnte Paritätsverletzung beim Beta-Zerfall und die erst unlängst erkannte starke Einbindung des Rechts-Links-Problems in Ladungs- und Materieverhältnisse. Der bereits erwähnte Kernphysiker und Nobelpreisträger C. N. Yang formulierte vor gut 30 Jahren, bezogen auf das Elektron und sein Antiteilchen, das Positron: »Wenn wir Spiegelreflexion definieren als Vertauschung von rechts und links plus Umkehrung der Ladungen, dann bleibt die Symmetrie erhalten.« Heute müssten wir mindestens eine weitere Größe hinzufügen: die Richtung der Zeit. (Seit 1964 werden beim unregelmäßigen Mesonenzerfall Erscheinungen beobachtet, die auf eine Verletzung der Zeitumkehr schließen lassen.)

Über die Zusammenhänge zwischen der Rechts-Links-Problematik und elektrischen Ladungen (auch im Atomkern) wird noch an anderer Stelle ausführlicher zu sprechen sein. Wie es beim Aufeinanderprallen spiegelbildlicher Bestandteile von Materie und Antimaterie zur vollständigen Zerstrahlung kommt, lernen unsere Kinder heute bereits in der Schule. Die Auswirkungen einer rückwärts ablaufenden Zeit hingegen, also eines notwendig folgerichtigen Prozesses, in dem uns vertraute Ursachen aus uns vertrauten Wirkungen resultieren, lässt sich am Atommodell (ein häufig strapaziertes Beispiel ist der Zusammenstoß zweier Billardkugeln) noch einigermaßen plausibel durchspielen. Im Großen jedoch wirkt es wenig einleuchtend, dass sich Scherben mit heftigem Klirren zu einem unversehrten Teller zusammenfügen sollen, um uns dank eines mächtigen Energieimpulses vom Küchenboden her in die ungeschickte Hand zu schnellen. Man fragt sich, wie das Wasser vom Leib des Turmspringers so abrupt abperlen mag, damit er, nach graziösem Rückwärtsschwung, auf dem zehn Meter hohen Podest trocken zum Stehen kommt. Schüttelt schließlich ungläubig den Kopf über eine verendete Wildente, die taumelnd in die Lüfte steigen soll und – nachdem sich die Bleikügelchen aus ihrer Brust mit den übrigen zu einer Schrotladung vereinigt haben, die dem Jäger treffsicher in die Mündung seiner Flinte saust – unversehrt und fröhlich schnatternd, rückwärtsgewandt davonfliegt.

Diese Beispiele wirken paradox, weil in unserem Alltag Porzellanscherben oder Wasser, tote Enten oder Schrotkugeln über entschieden andere Eigenschaften verfügen, weil wir an derart komplexen und zielgerichteten Reaktionen den Zufall vermissen und mit unserem sogenannten gesunden Menschenverstand die bekannten Naturgesetze außer Kraft gesetzt sehen. Letzteres ist nicht der Fall, obwohl anzunehmen bleibt, daß eine Welt mit rückwärtsgewandter Zeit (der Begriff steht letztlich für nichts weiter als eine der möglichen Spiegelungen und macht ja nur von unserer Weltsicht aus gebraucht einen Sinn) anders und vielleicht viel simpler funktionieren würde. Und verglichen mit der vollständigen Regenerierung unseres zerschlagenen Tellers, ist es kaum weniger wunderbar, sich vorzustellen, wie unter steter Energiezufuhr von Vulkanismus und gewaltigen elektrischen Entladungen in den Urmeeren aus einzelnen Kohlenwasserstoffmolekülen allmählich Aminosäuren entstanden, welche jene hochkomplizierten linksgedrehten Proteine und Nukleinsäuregemische bildeten, die wir mit dem vertrautesten, zärtlichsten und geheimnisvollsten aller Namen belegen: Leben.

Beobachtungen und Fragen

Als ich zehn Jahre alt war, zogen meine Eltern von Wernitzgrün nach Markneukirchen, um mir den Besuch der Oberschule zu ermöglichen. Das stark bewaldete Vogtland, Westausläufer des Erzgebirges und südlichster Zipfel Sachsens, ist im Winter meist tief verschneit. Die Ortsansässigen sind schon von Kindesbeinen an mit dem Skifahren vertraut, und auch ich begann bald Gefallen an dem schönen Sport zu finden. Gute Voraussetzungen für den Abfahrtslaufenden fanden sich unweit unseres Hauses an einem der gegenüberliegenden Hänge, dem Kreilberg. Das Tal wurde von einem schmalen Rinnsal durchschnitten, einem schnellfließenden Bach, der auch bei klirrender Kälte nicht gefror. Diese Besonderheit der Piste zwang die Skienthusiasten, ihre Fahrt entweder vorzeitig abzubrechen oder dem Wasserlauf auszuweichen. Für den geübten Läufer erhielt die Strecke dadurch einen zusätzlichen Reiz. Meine Spielgefährten und ich stapften also schwitzend unseren Berg hoch und fuhren ihn dann, je nach Erfahrung, mit mehr oder weniger Geschick wieder hinunter. Woche für Woche.

Eines Tages stand ich oben auf dem Berg und bereitete mich wie gewohnt auf die Abfahrt vor, kontrollierte die Bindungen, steckte die Hände in die Schlaufen meiner Skistöcke und blickte nach unten. Dabei fiel mir auf, dass ich dem Bach stets nach links ausgewichen war. Diesmal beschloss ich, eine Rechtskurve zu fahren. Gesagt, getan. Ich stieß mich elegant ab, schoss den Berg hinab, bog nach rechts ab – und steckte mit dem Kopf im Schnee. Natürlich glaubte ich an einen Zufall und wiederholte mein Vorhaben. Mit exakt demselben Resultat. Nun fühlte ich mich doch ein wenig in meiner Ehre getroffen und fing an, Rechtskurven zu üben, bis ich endlich, wenngleich noch auf recht wackligen Beinen, unbeschadet am Fuß des Hanges zum Stehen kam. Während dieser Übungen bemerkte ich, dass meine Bewegungen eckig und ungelenk waren und ich bei dem Ganzen auch ein recht flaues Gefühl im Magen hatte. So etwas war mir bei Linkskurven nie aufgefallen. Ich fuhr nun absichtlich mehrere Male nach links und nach rechts, um beide Varianten besser miteinander vergleichen zu können. Doch sowohl die motorischen Schwächen als auch das diffuse Unwohlsein bei den Rechtskurven blieben unverändert erhalten, sodass ich meine Ungeschicklichkeit bald nicht mehr allein mit fehlender Gewöhnung zu erklären vermochte. Merklich verunsichert stand ich da und sah prüfend an mir herab: zwei Arme, zwei Hände, zwei Beine, zwei Füße, eine scheinbar vollkommene Symmetrie und trotzdem dieser vertrackte Unterschied zwischen Rechts und Links. Ob es daran lag, dass ich Rechtshänder war? Allerdings leuchtete mir der Zusammenhang nicht sonderlich ein. Immerhin führte mich dieser Gedanke gleich zur nächsten Frage: Warum ist Linkshändigkeit Ausnahme und Rechtshändigkeit Regel?

In solcherlei Betrachtungen versunken, schaute ich meinen Skifreunden zu. Auch sie wichen dem Bach aus. Und zwar ausnahmslos in einer Linkskurve! Rasch war ich bei ihnen und fragte, warum sie nur in diese Richtung fahren würden. Die Angesprochenen wirkten zunächst selbst verblüfft, ihre unterschiedlichen Antworten liefen jedoch im Kern immer wieder auf dasselbe hinaus: »Wenn man rechtsherum fährt, fällt man hin.«

Wir versuchten nun gemeinsam, diesem Phänomen beizukommen, aber keiner wusste es sich zu erklären. Andererseits maßen wir der Angelegenheit auch keine übergroße Bedeutung bei, und schon ein paar Tage darauf hatten wir alles wieder vergessen.

Sieben Jahre älter geworden, hatte ich andere Interessen und andere Freunde. Auch die Freizeitvergnügen sahen inzwischen anders aus. Eines Abends lud uns ein Bekannter, ein junger Malermeister, der bereits zu einigem Wohlstand gekommen war, zu einer Party ein. Wir folgten seiner Einladung gern, denn neben dem für die damalige Zeit (unmittelbar nach Kriegsende) ungeheuerlichen Luxus eines französischen Kamins und einer wohlausgestatteten Hausbar, besaß er noch diverse andere Annehmlichkeiten, die einem die Zeit wie im Fluge vergehen ließen. Wir tanzten also, rauchten, plauderten und kamen dabei bald vom Hundertsten ins Tausendste. Bei dieser Gelegenheit fiel mir auch die halbvergessene Episode vom Skihang wieder ein. Ich staunte nicht schlecht, als meine Freunde die Beobachtung nicht nur für den Skilauf bestätigten, sondern sie sogar noch auf das Schlittschuhlaufen und Fahrradfahren ausdehnten und unser Gastgeber mit brillant beiläufiger Geste auf das Autofahren verwies. Nun besitzen Autos durch ihre Links- bzw. Rechtslenkung eine vorgegebene Asymmetrie, aber dieses Moment kam bei den anderen Beispielen nicht zum Tragen. Da das Linksphänomen, so hatten wir es kurzerhand getauft, nur als solches zu bezeichnen ist, wenn sich das Individuum zwischen Rechts und Links unbeeinflusst entscheiden kann, kramten wir aus unseren Köpfen, was wir noch von der Schule her über Magnetismus, Erdanziehung und Fliehkraft wußten. Zur Demonstration des Corioliseffekts (der Trägheitskraft, die auf jeden rotierenden Körper wirkt) holte jemand sogar einen Globus und ließ ihn vor unseren Augen rotieren. Doch je länger wir über das Problem nachgrübelten, desto deutlicher wurde, dass keiner von uns eine auch nur halbwegs brauchbare Erklärung anzubieten hatte. Wir gaben unser fruchtloses Bemühen schließlich auf – nicht zuletzt deshalb, weil jeder von uns wohl insgeheim an seine eigene mangelnde Sachkenntnis dachte.

Erneut waren mehrere Jahre vergangen. Ich hatte inzwischen in verschiedenen Kliniken als Krankenpfleger, Laborassistent und Arzthelfer gearbeitet und studierte nun an der medizinischen Fakultät der Humboldt-Universität zu Berlin. Meine Frau und ich lebten in einem winzigen, noch dazu ungeheizten Kämmerchen in Lehnitz, nördlich von Berlin. Das Zimmer wurde uns bald zu klein, und so machten wir uns auf die Suche nach einer Wohnung. Nach mehreren Tagen hatten wir etwas Vielversprechendes gefunden: ein kleines, ziegelgedecktes Häuschen mit Ofenheizung und elektrischer Freileitung. Zwischen den Gehwegplatten wucherte Gras und auch das verrostete Schlüsselloch der Gartenpforte zeugte davon, dass das Anwesen seit längerem nicht mehr betreten worden war. Wir erkundigten uns bei den Grundstücksnachbarn und erhielten die Adresse der Besitzerin. Nach kurzen Verhandlungen wurde ein Vertrag aufgesetzt, und fortan wohnten meine Frau und ich in »unserem« Haus am Adlerweg.

Vor Einbruch des Winters baute ich ein Vogelhäuschen und stellte es auf einem Pfahl vor dem Küchenfenster auf. Der Winter kam und mit ihm die ersten hungrigen Gäste. Futter hatte ich reichlich gestreut, und der Andrang der Meisen, Rotkehlchen und Spatzen war groß. Hinter dem Futterhäuschen saßen die Vögel auf der Gartenhecke, zwitscherten, zausten sich und warteten, bis die Luft »rein« war. Dann schwirrten sie in weitem Bogen zu den ausgelegten Körnern, taten sich daran gütlich und flogen zurück zu ihrer Hecke. Als ich eines schönen Tages wie gewohnt am Fenster saß und dem munteren Treiben zusah, stutzte ich: Die Vögel flogen durchweg in einer Linkskurve ins Futterhäuschen und sie verließen es auch wieder in einer Linkskurve! Ich rief meine Frau ans Fenster. Wir hatten bereits über das Phänomen gesprochen, und sie wusste sogleich, worauf ich hinauswollte.

In Berlin ergab sich die Möglichkeit, weitere Beispiele zusammenzutragen. Da ich einen übergreifenden Charakter des Bewegungsphänomens annahm, nutzte ich manche Stunde neben dem Medizinstudium für Beobachtungen im Westberliner Zoologischen Garten. Bald wurde ich fündig. Ich entdeckte einen künstlich angelegten Felsen neben einem halbrunden Wasserbecken, in dem sich Robben tummelten. Unweit des Geheges standen, ein wenig erhöht, mehrere Bänke, auf die man sich setzen konnte, um das Spiel der Robben zu verfolgen. Diese hechteten mit einem prächtigen Kopfsprung vom Felsen ins Wasser und schwammen auf den Beckenrand zu. Ich achtete streng darauf, nur jene zu bewerten, die im rechten Winkel auf die Wand zusteuerten. Und wieder sah ich, dass sie der Mauer in einem Linksbogen auswichen.

Meine Eindrücke vervollständigten sich bei einem Frühlingsspaziergang in den Wäldern von Lehnitz. Hier stieß ich auf einen Bienenschwarm, der traubenförmig an einem kleinen Strauch hing. Mein erster Gedanke galt dem Honig, eine für die damalige Zeit keineswegs zu verachtende Köstlichkeit, zumal für jemanden, der nur ein geringes Stipendium erhielt. Doch wie sollte ich die Bienen nach Hause bringen und wo konnte ich sie aufbewahren? Die Bewohner eines nahegelegenen Gehöftes kamen mir zu Hilfe. Sie statteten mich mit einem Wäschekorb aus Strohgeflecht und einem Paar Lederhandschuhen aus. Die Krönung aber war eine große Käseglocke aus Fliegengaze, die ich mir mit einem Schal vor das Gesicht band. So gelang es tatsächlich, die Bienen mit mehreren Zweigen vorsichtig in den Korb zu verfrachten. Daheim angekommen, lieh ich mir von einem befreundeten Imker eine Originalbehausung, spritzte sie nach seinem fachmännischen Rat mit Zuckerwasser aus und lockte die Bienen hinein. Als ich am nächsten Morgen hinaus in den Garten trat, waren die Bienen bereits unterwegs. Erst abends kehrten sie wieder zurück.

Unser Garten war von hohen Birken umgeben. Da Bienen nicht gern durch Baumkronen fliegen, mussten sie zunächst einmal an Höhe gewinnen, bevor sie zum Honigsammeln ausschwärmen konnten. So beschrieb der Schwarm in der ersten Flugphase stets Spiralen von fünf bis sieben Metern Durchmesser. Und mein inzwischen geübtes Auge bemerkte sofort die Linksdrehung. Keine einzige Biene, die ausscherte und eine Rechtsspirale flog.

Kurze Zeit später entdeckte ich beim Heimweg auf einem kleinen Trampelpfad, der entlang des Bahndammes durch ein Birkenwäldchen führte, eine junge Nebelkrähe. Sie war offenbar aus dem Nest gefallen und lag nun hilflos flatternd am Wegrand. Da weder Nest noch Altvögel zu entdecken waren, beschloss ich, das schon stark geschwächte Vögelchen mit nach Hause zu nehmen. Ich taufte es Joko und widmete mich fortan seiner Aufzucht, was, wie sich bald herausstellte, gar nicht so einfach war. Bald hatte der Vogel das Nötigste gelernt, um sein beschauliches Gartendasein zu fristen, allerdings haperte es entschieden mit dem Fliegen. Wann immer ich ihn hoch in die Luft warf und dazu animierend mit den Armen ruderte, zwinkerte mir Joko fröhlich aus seinen blanken Äuglein zu, rümpfte den Schnabel – und ich musste mich sputen, um ihn an der voraussichtlichen Absturzstelle wieder aufzufangen. Die umherstreunenden Katzen hatten entweder Respekt vor Jokos gewaltigem Schnabel, oder sie bezweifelten, dass der inzwischen halbwüchsige Vogel tatsächlich nicht flugfähig war. Jedenfalls ließen sie ihn ungeschoren.

Eines Tages nun sah ich Joko reglos im Garten stehen. Er hatte den Kopf nach links gewandt und blickte mit dem rechten Auge starr auf die Erde. Da er sonst bei seiner Futtersuche schon nach kurzem Blick zuzupicken pflegte, kniete ich mich neben ihn und suchte nach dem Gegenstand seines Interesses. Ich konnte indes nichts Auffälliges bemerken. Schließlich fiel mir ein, Joko könnte ja auch statt nach unten nach oben schauen. Ich sah also zum Himmel und entdeckte sofort den Grund seines merkwürdigen Gebarens. Über uns kreiste völlig lautlos ein riesiger Krähenschwarm. (Übrigens entgegen dem Uhrzeigersinn, also in einer Linkskurve). In der Annahme, die Krähen könnten meinem Schützling ein Leid zufügen, nahm ich ihn auf die Arme und suchte Zuflucht in der Küche. Sofort stießen die schwarzen Vögel herab und flogen unter lautem Gekreisch mehrmals um unser Haus. Ein erfahrener Jäger erklärte mir später, dass dieses Verhalten für Rabenvögel durchaus typisch sei und zur sogenannten Hüttenjagd genutzt werde, um starke Krähenplagen zu bekämpfen. Dazu wird eine Krähe getötet und weithin sichtbar auf eine Wiese gelegt. Dicht daneben wird ein Falke angepflockt, dem man zuvor eine feste Lederhaube über den Kopf gestülpt hat. Eine zufällig vorbeifliegende Krähe alarmiert ihre Artgenossen, und schon bald beginnt ein mächtiger Schwarm über dem vermeintlichen Mörder zu kreisen. Ist eine bestimmte Mindestanzahl erreicht, stoßen die erbitterten Vögel einzeln herab, suchen mit ihren Schnäbeln nach dem Kopf des Falken zu hacken und fallen dabei den Gewehrkugeln der im Unterholz oder in einer Hütte verborgenen Jäger zum Opfer. Je mehr tote Krähen am Boden liegen, desto aufgebrachter wird der kreisende Schwarm, immer neue Krähen der Umgebung fliegen hinzu – und werden abgeschossen. Und sowohl beim Kreisflug als auch beim Zustoßen sollen die Krähen Linkskurven bevorzugen.

Von einem entfernten Verwandten, der neben einer Zucht von Aquarienfischen eine große Nerzfarm und diverses andere Getier besaß und über ein hohes Maß an biologischem Fachwissen verfügte, erfuhr ich, dass auch die Nerze seiner Farm, etwa 900 Zuchttiere, das vordere Drahtgitter ihrer Gehege ansprangen und dann vorwiegend über die linke Schulter wendeten, ganz wie Sportschwimmer am Ende der Bahn.

Um Näheres über das Rätsel zu erfahren, wandte ich mich in Berlin an Leute, die von Berufs wegen mit Tieren zu tun hatten. Mir fielen die Zirkusdompteure ein, die ihre Vierbeiner – ob nun Pferde, Löwen oder Bären – in der Manege ja auch in der Regel linksherum laufen oder tänzeln lassen. Einen Zirkus gab es in der Nähe unserer Hörsäle, und ich fand auch bald Gelegenheit, ihn zu besuchen. Es war der Zirkus »Barlay« in der Friedrichstraße. Ich erkundigte mich dort nach dem Dompteur und wurde an einen Mann verwiesen, der gerade im Hof mit einem Elefanten probte. Der Graurüssel war als Wegweiser schwerlich zu übersehen, und der kleine rotgesichtige Mann an seiner Seite winkte mich zu sich heran. Wir kamen ins Gespräch, und ich erfuhr, dass er sämtliche Zirkustiere für den Auftritt vorbereitete. Auf meine Frage, warum er sie in der Manege immer nur linksherum laufen lassen würde, erhielt ich hier, zu meinem nicht geringen Erstaunen, folgende Antwort: »Sehen sie, rechtsherum geht es nicht, da schlagen die Pferde aus. Die Großkatzen beißen oder werden kopfscheu. Wenn man sie linksrum treibt, tun sie das nicht – und den Zuschauern ist es ja letztlich egal, wie die Tiere in der Manege laufen.« Unter Dompteuren sei dies international bekannt, aber warum sich die Tiere so verhielten, wisse er auch nicht.

Bestätigung dafür fand ich später durch eine flüchtige Beobachtung auf dem Berliner Weihnachtsmarkt. Neben den bekannten Attraktionen gab es dort, zur Freude der kleinsten Besucher, auch ein Ponykarussell. Vor den Wagen, die auf einer Art Schienenbett standen, waren fünf oder sechs Ponys angeschirrt. Auf Peitschenknall begann die Fahrt. Auffällig war, dass sich das lebende Karussell im Uhrzeigersinn, also rechtsherum drehte. Die lachenden Kinder störte das nicht im Geringsten, wohl aber die Ponys. Sie machten einen ausgesprochen unruhigen Eindruck, schüttelten die Köpfe, stampften mit den Hufen, und auf den Warntafeln am Zaun stand in großen Lettern zu lesen: »Vorsicht, Tiere beißen!« Ich überlegte ernsthaft, ob ich dem Besitzer des kleinen Fuhrunternehmens vielleicht einen Hinweis geben sollte. Da mir aber die Umrüstung seiner Anlage sehr kostspielig schien und ich mich auch nicht in lange Debatten verstricken lassen wollte, verzichtete ich auf jegliche Bemerkung.

Ich weiß noch, dass mich die Aussage des Zirkusdompteurs damals sehr nachdenklich stimmte. Auf dem Rückweg zum S-Bahnhof Friedrichstraße ging ich am Taxistand vorbei und kam auf eine neue Idee. Wenige Tage darauf führte ich hier meine nächste Befragung durch. Diesmal wandte ich mich an die Taxichauffeure und erkundigte mich nach ihrem gewohnten Fahrverhalten. Von den rund 70 Angesprochenen, unter denen sich auch zwei Linkshänder befanden, gaben alle an, eine adäquate Ausgangslage vorausgesetzt, Linkskurven zu bevorzugen.

Ich unterbrach meine Suche zunächst einmal mit dem Ziel, mich um eine systematische Einordnung und Klärung der bisherigen Beobachtungen zu bemühen. Dazu wollte ich einige Professoren in Berlin aufsuchen und sie um eine Erklärung des Phänomens bitten. Als Erstes entschied ich mich für Prof. Kirsche, einen Experten für die Anatomie des Gehirns und des Nervensystems und bat seine Sekretärin um einen Termin. Der Dozent der Humboldt-Universität empfing mich zur ausgemachten Stunde und erkundigte sich freundlich nach meinem Begehr. Ich legte ihm meine Geschichte dar und fragte, ob er aus der Sicht des Anatomen, insbesondere was die Hirnstruktur anging, eine mögliche Erklärung des Phänomens wüsste. Prof. Kirsche hatte aufmerksam zugehört und die Darstellung offensichtlich gebilligt, konnte aber selbst keine triftige Ursache finden. Er empfahl mir, mich an einen Kollegen seiner Universität, Herrn Prof. Tembrock vom Zoologischen Institut, zu wenden. Dieser sei Verhaltensforscher und wüsste vielleicht mehr darüber zu sagen. Auch bei ihm bekam ich bald Gelegenheit, meine Fragen loszuwerden. Prof. Tembrock teilte mir damals mit, dass er sich zwar mit Bewegungsstereotypen im

Tierreich beschäftigt hätte, zu der angesprochenen Rechts-Links-Problematik jedoch auch keine erschöpfende Antwort geben könnte. Er verwies mich auf einen Prof. Ludwig in München, dessen Buch »Das Rechts-Links-Problem« in seiner Bibliothek stand. Ich verabschiedete mich dankend und wollte gerade die Haustür im Erdgeschoss öffnen, als Prof. Tembrock sich über das Treppengeländer beugte und mich zurückrief. Er habe soeben den Anruf erhalten, daß besagter Prof. Ludwig überraschend gestorben sei.

Ich bestellte umgehend das erwähnte Buch, fand darin aber nur eine kurze Passage über das Bewegungsproblem. Das übrige Werk befasste sich mit vorwiegend anatomischen Fragestellungen der Asymmetrie im Tierreich. Zum Schluss seiner ausgesprochen gründlichen Recherchen über die unter diesem Gesichtspunkt auffälligen Gattungen im Tierreich gelangte der Autor zur Feststellung, dass »für die Verteilung von rechts und links im Tierreich das verantwortlich und maßgebend ist, was wir gemeinhin als Zufall bezeichnen«. Das widersprach allem, was ich bislang an Säugetieren, Vögeln und Insekten beobachtet hatte und schien mir weniger eine Erklärung als vielmehr Ausdruck des Fehlens einer Erklärung zu sein.

Links und Rechts in der Tierwelt

Aristoteles behauptete in seiner Naturbeschreibung, dass Pflanzen als niedere Entwicklungsstufe organischen Lebens zwar über ein Oben und Unten, im Unterschied zu den Tieren jedoch über kein Rechts und Links verfügen würden. Diese Einschätzung stellte sich als genialer Irrtum heraus, der die Wissenschaftsentwicklung stärker befruchtet hat als tausend platte Wahrheiten.

Heute steht fest, dass die Urorganismen – kugelförmige gallertartige Zellkonglomerate – im Verlaufe von Jahrmillionen allmählich (dorsiventrale) Rücken-Bauch und Rechts-Links-Symmetrien ausbildeten. Diese waren sowohl Ausgangspunkt als auch Produkt selbständiger Fortbewegung, jene wiederum ein entscheidender Faktor im Überlebenskampf. Bilateral geformte Vorfahren unserer heutigen Lebewesen entwickelten, sobald sie sich festsetzten, radiäre Körperstrukturen (erinnert sei nur an die fünfstrahlige Symmetrie der Stachelhäuter, beispielsweise der Seelilien; Abb. 1). Gingen solche sesshaften Tiere später erneut zu schwimmenden oder kriechenden Bewegungsformen über, bildete sich in Abhängigkeit von der Art und Geschwindigkeit der Fortbewegung wieder eine mehr oder weniger ausgeprägte Rechts-Links-Seitigkeit heraus (hier die Gegenüberstellung zweier Seeigelformen; Abb. 2a, 2b). Mitunter erfordert es geradezu detektivischen Spürsinn, herauszufinden, warum bewegliche Tiere ihre Radialstruktur kaum eingebüßt haben. So gleitet beispielsweise der Seestern auf hunderten winziger Füßchen über den Meeresboden dahin, der Schlangenstern zieht sich an seinen Armen vorwärts (Abb. 3), während die Hydra, ein urtümlicher Süßwasserpolyp, langsam über ihre Krone hinweg sozusagen Purzelbäume schlägt (Abb. 4).

Koloniebildende Lebewesen, wie Schwämme oder Korallenstöcke, bilden häufig wabenförmige Muster. Ebenso wie die Honigwabe

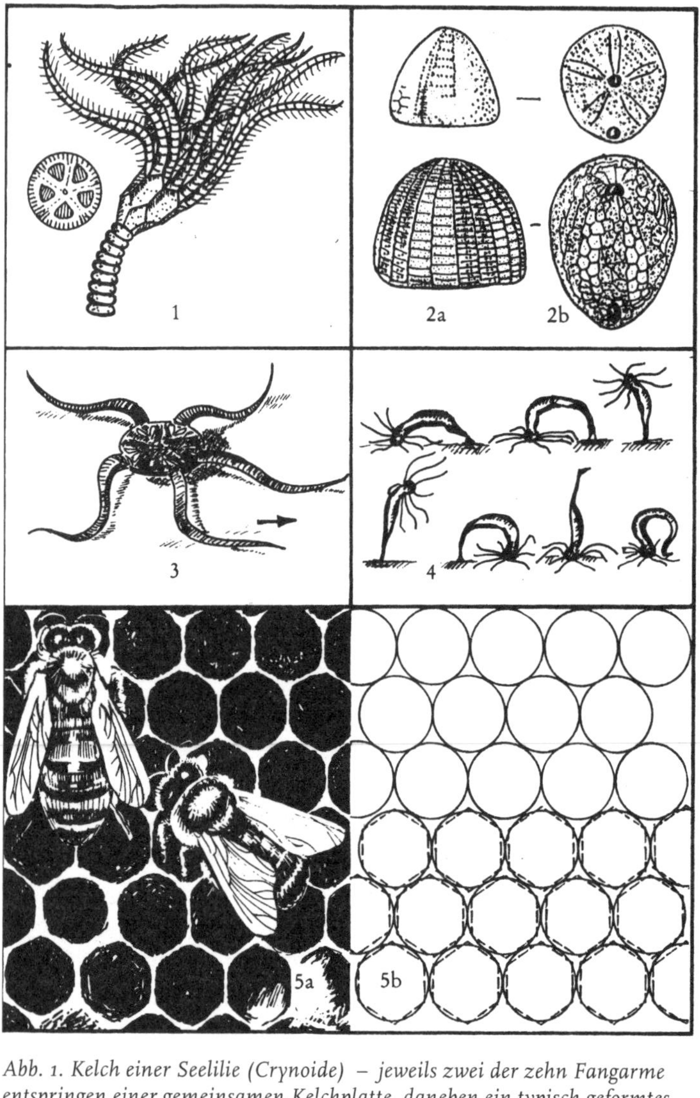

Abb. 1. Kelch einer Seelilie (Crynoide) – jeweils zwei der zehn Fangarme entspringen einer gemeinsamen Kelchplatte, daneben ein typisch geformtes Stielglied; 2. a, b) Verbreitete Seeigelformen der Kreidezeit, in der Seitenansicht und von unten, oben: Conulus, unten: Echinocorys (nach Helms); 3. Schlangenstern (Ophiura albida Forb.), auf Schlickgrund kriechend (nach Franz); 4. wandernde Hydra 1:1 (nach Tremblay); 5. a) Wabe der Honigbiene, b) Entstehung der Wabenstruktur

entstehen diese aus dem Erfordernis optimaler Raumausnutzung und größtmöglicher Stabilität. Bekanntlich ist die einzelne Zelle der Bienenwabe eher rund als sechseckig – die angedeuteten Kanten erhält sie erst durch die Wandverstärkung zur Nachbarzelle (Abb. 5a). Wollte man mehrere gleichgroße Kugeln einschichtig in eine angeschrägte flache Schachtel schütten, würde sich aus den übereinanderliegenden Reihen ein ganz ähnliches Bild ergeben (Abb. 5b).

Im Folgenden sei an kurzen Beispielen dargestellt, dass eine pauschalisierte Überbewertung einer Körperseite oder Bewegungsrichtung eher schadet als nützt. Wenn es denn tatsächlich einen übergreifenden qualitativen Unterschied zwischen Rechts und Links im Tierreich geben sollte – und vieles, auch in W. Ludwigs Untersuchungen, spricht letztlich dafür –, so wäre dieses Verhältnis für jede Gattung, ja mitunter für jede Art, in Abhängigkeit von Entwicklungsgeschichte und natürlichem Vorkommen, stets aufs Neue zu klären.

Die natürliche Schwimmbahn der frei beweglichen Rädertierchen ist eine Schraubenbewegung entgegen dem Uhrzeigersinn, also eine Bewegung entsprechend unserer linksgedrehten Normspirale – inverse Drehungen kommen nur selten vor. Infolge der Bewegungsart hat ihr Körper zuweilen die Form eines Segments dieser Schraubenlinie angenommen (Abb. 6a, 6b). Über schlagende Geißeln oder Wimpern verfügende Flagellaten, Infusorien, Spermatozoen, Mollusken und Moostierchenlarven hingegen beschreiben, nach E. Wildmann, bei ihrer Fortbewegung eine schraubenförmige Bahn im Uhrzeigersinn, unserer Definition nach also eine Rechtsspirale (Abb. 7a, 7b). Vermutlich liegt die Erklärung für diese widersprüchlich wirkenden Phänomene gerade in der indirekten Fortbewegung durch chirale Körperanhängsel begründet. (Bildlich gesprochen dreht sich auch der Kahn eines nur linksseitig rudernden Fischers bald nach rechts.)

Um die Bedeutung von Links und Rechts in der Zoologie verbindlich zu klären, wurden zahllose Versuche angestellt, neben denen sich Frankensteins Blasphemien wie täppische Lausbubenstreiche ausnehmen. Manche der dabei erzielten Ergebnisse verblüfften selbst die Experten.

Die Ascariden, Fadenwürmer, die schon frühzeitig wegen ihrer ausgeprägten Linksbetonung von Ausscheidungskanal und Geni-

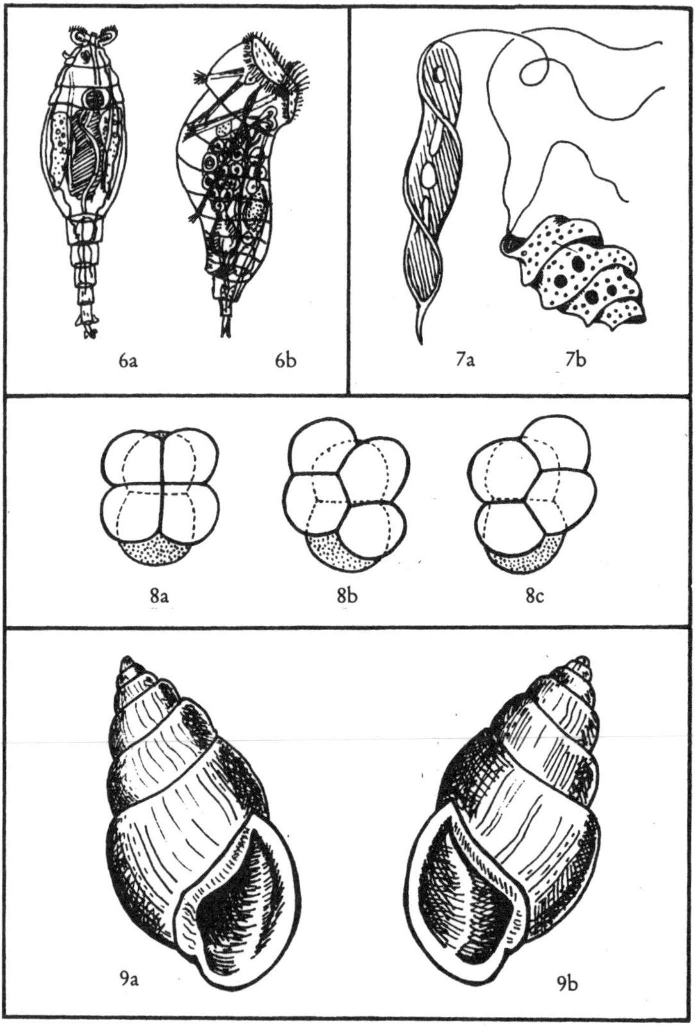

Abb. 6. Süßwasserrädertierchen, a) Calladina parasitica Gigl., b) Cyrtonia tuba Ehrbg. (nach Brauer); 7. Geißeltierchen, a) Euglenia acus Ehrbg., b) Hetemonema spirale Klebs (nach Lemmermann); 8. Wurmeier (Ascaris) im Sechs-Zellen-Stadium, a) Ausgangsform, b) reguläre, c) inverse Entwicklung (nach Dunschen); 9. tropische Landschnecke (Bulimus perversus), a) linksgewundenes, b) rechtsgewundenes Gehäuse (verändert nach Martens – Zoologen nehmen die Einteilung genau umgekehrt vor!)

talsystem untersucht wurden, weisen spiegelbildlich rechte Inversionen im Verhältnis 40 : 1 auf. Durch atypische Einflüsse wie Hitze, Kälte, Sauerstoffentzug oder verstärkte UV-Strahlung gelang es T. Boveri, F. Dunschen und O. L. zur Strassen, den Kern des Seitengefäßes zu verlagern und so inverse Exemplare zu erzeugen (bereits im Sechs-Zellenstadium wird hier durch rechts- oder linksseitige Furchung eine spätere Asymmetrie vorgeprägt; Abb. 8a, 8b, 8c).

H. Spemann und H. Falkenberg schnürten Wassermolchkeime zu Beginn der Gastrulation längs der Meridiane durch und erhielten so künstliche Zwillinge, die sich im Allgemeinen gut unterscheiden ließen, da die Organe der Durchschnürungsseite oft geringfügig verkümmert waren. Und es zeigte sich, dass die Eingeweide der linken Zwillinge stets regulär saßen, während bei den rechten in der Hälfte der Fälle Inversion eingetreten war.

K. Pressler und R. Meyer erhielten spiegelbildliche Exemplare von Fröschen und Kröten, indem sie im Keimstadium ein viereckiges Stückchen Rückendecke (Ekto-, Mesoderm und endodermales Darmdach) ausschnitten und umgekehrt wieder einpflanzten. Damit war bewiesen, dass die Verlagerung des Herzens auf die rechte Seite sich letztlich nach der neu entstehenden Darmlage ausrichtet.

Ja selbst Hühnerembryonen wurden durch Temperaturerhöhung auf der linken Seite der Keimlinge künstlich invertiert, das heißt, es entstanden Küken, bei denen Herz, Leber und sämtliche Eingeweide seitenverkehrt im Körper lagen (Dareste, Warynski und Fol).

Die dem naturwissenschaftlichen Laien wohl vertrauteste spiralige Asymmetrie findet sich bei den links- oder rechtsgedrehten Schneckengehäusen (Abb. 9a, 9b). (Da wir uns um eine übergreifende Systematik bemühen, legen wir auch hier unsere einheitliche Arbeitsdefinition für turbospiralige Bewegungs- und Entwicklungsformen zugrunde. Aus den im Kapitel »Was ist Links?« dargelegten Gründen haben wir uns dabei für die Festlegung der Botaniker entschieden. Der Zoologe hingegen würde die abgebildeten Schneckenformen, in Analogie zu der aus ganz anderen Gründen als rechtswindig eingestuften Holzschraube, genau umgekehrt benennen.) Schnecken sind grundsätzlich asymmetrisch gebaut oder weisen zumindest Reste von Asymmetrien auf. Sie entstanden, als die

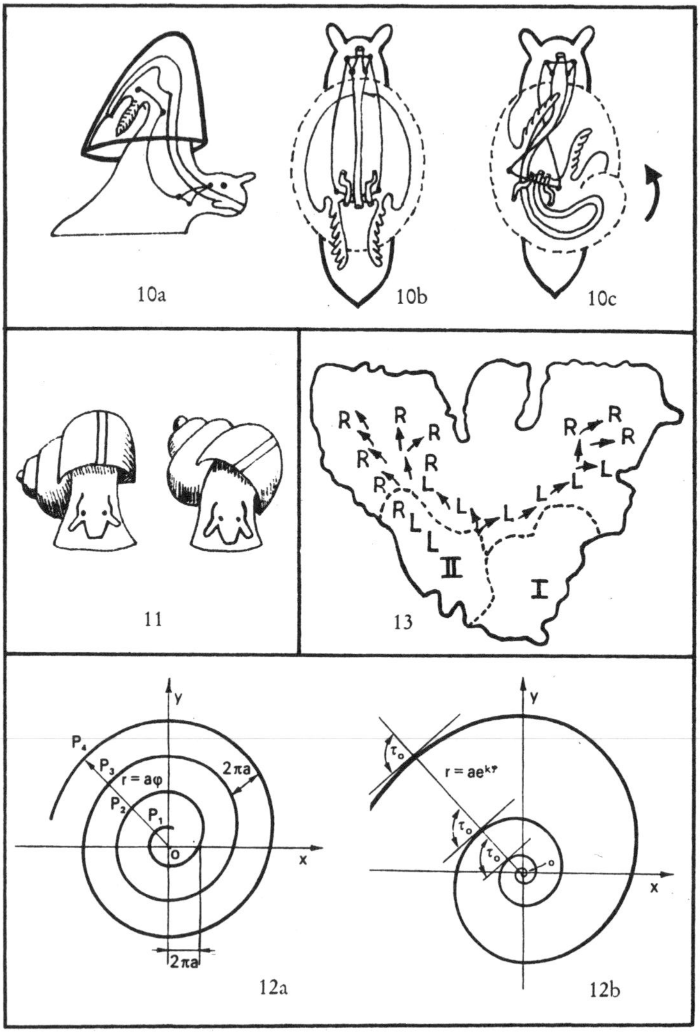

Abb. 10. a) Urmollusk-Vorläufer der Schnecken (nach Naef), b) wie a) in der Draufsicht, c) Herausbildung der Gehäusewindung (nach Ludwig); 11. Entstehung der schiefen Traghaltung des Gehäuses (nach Naef); 12. a) Bei der archimedischen Spirale bleibt der Abstand zwischen den Windungen konstant, b) Bei der logarithmischen Spirale ist der Winkel zur Achse konstant (nach Gilde); 13 Verbreitung der unterschiedlich gewundenen Landschnecken Partula s. vexillum und P. s. alternata auf Moorea (verändert nach Crampton; Ludwig – s. Text zu Abb. 9)

schwimmende Urform zur kriechenden Bewegung überging. Der hypothetische Urmollusk wird als rechts-links-symmetrisch angenommen (Abb. 10a, 10b). Die Rückbildung der Mantelorgane sowie die Drehung und Aufwindung des Eingeweidesacks samt Schale führten schließlich zu der Schnecke, wie wir sie kennen (Abb. 10c). Aus Gleichgewichtsgründen kam es später zu der typisch schiefen Traghaltung der aufwärts gewundenen Schale (Abb. 11a, 11b). Die Ursachen für die Entstehung des Drehsinns hingegen liegen noch weitgehend im Dunkeln. Bekannt ist nur, dass bei rechtsgewundenen Tieren die linke, bei linksgewundenen die rechte Leber rascher wächst und größer wird. Doch selbst wenn man hier, wie W. Ludwig, einen Kausalzusammenhang vermutet, wird die Frage nach der Herausbildung des Windungssinns nur auf die Frage nach den Ursachen der Leberasymmetrie verlagert. Bei den Gehäusen der Schnecken und der im Folgenden aufgeführten zwei großen Tiergruppen handelt es sich, ebenso wie bei den Grundschrauben der Pflanzen, um logarithmische Spiralen (Abb. 12b), was seine Ursache wohl im Netzungswinkel der neu hinzutretenden schalenbildenden Kalktröpfchen hat. Der Windungssinn der Mehrheit der Schnecken entspricht dem der Mehrheit der Windepflanzen. Beide sind, unserer Arbeitsdefinition nach, linksgedreht. Inversionen kommen bei den einzelnen Spezies unterschiedlich häufig vor, besonders oft innerhalb von Gattungen, die auch mehrere inverse Arten enthalten. (Bei der Weinbergschnecke z. B. sind entgegengesetzt gewundene Exemplare derart selten, dass sie im Volksmund als »Schneckenkönig« bezeichnet werden.) Die Vererbungsregeln der Schalenwindung sind überaus komplex und zum Teil recht widersprüchlich. Jedoch spricht vieles dafür, dass die künftige Windungsrichtung bereits im Ei vorgebildet ist, es also Links- und Rechtseier gibt.

(Auf einen merkwürdigen Zusammenhang zwischen Windungssinn und Verbreitung machte A. Garret aufmerksam, der im Jahre 1875 auf Moorea, einer Insel in Französisch-Polynesien, das Vorkommen einer Landschnecke, Partula suturalis, untersuchte. Er fand die ausschließlich linksgewundene Unterart P. s. alternata im Gebiet I und die sowohl rechts- als auch linksgewundene P. s. vexillum im Gebiet II. Als R. Crampton die Insel ein halbes Jahrhundert später bereiste, fand er das Verbreitungsgebiet von

Abb. 14. Foraminiferen der Gattung Peneroplis und verwandte Formen im Küstensand des Roten Meeres (nach Francé)

P. s. alternata nahezu unverändert, während sich P. s. vexillum inzwischen über die ganze Insel verbreitet hatte und zwar derart, dass die Rechtstiere stets den Linkstieren vorauseilten (Abb. 13). Das unterschiedliche geografische Auftreten von Rechts- und Linksformen wurde später auch an anderen Arten bestätigt. So wurden an abgelegenen Orten häufig ausschließlich inverse Formen gefunden, u. a. eine Kolonie von über 2000 inversen Cepae nemoralis in Irland, inverse H. aspersa bei La Rochelle und an einigen anderen isolierten Stellen Europas. Flach fand an einem Bergabhang bei Luco (Abruzzen) nur rechtsgewundene, also inverse Exemplare der als sehr windungskonstant geltenden Clausilia leucostigma, während auf der anderen Seite des Berges nur normale Tiere vorhanden waren!

W. Ludwig verwies gleichfalls auf die starken Lücken, die bei der Rechts-Links-Einordnung einer anderen, noch nicht lange untersuchten schneckenförmigen Tiergruppe bestanden – den turbospiraligen Foraminiferen. (Er selbst fand in einer Tiefseeschlickprobe aus dem Südatlantik 312 Individuen einer Pulvinula-Art, von denen 305 unserer Definition nach links- und sieben rechtsgewunden waren.) Obwohl einzelne Proben (Abb. 14) auch hier immer wieder ein starkes Überwiegen der Linksformen erkennen lassen, dürfte es für eine generelle Aussage sicher noch zu früh sein.

Anders liegt die Problematik der Rechts-Links-Klassifizierung bei den ausgestorbenen Kopffüßern. Ihre ältesten Vertreter, die Nautiliden, traten bereits im jüngeren Kambrium auf und erreichten im Ordovizium ihre breiteste Vielfalt. Die auf sie zurückgehende Entwicklungslinie führte über die Ammoniten und Belemniten schließlich zu unseren heutigen Tintenfischen. Im Zwang, ein Optimum zwischen Körperbalance und rascher Fortbewegung zu erreichen, bildeten sich zahlreiche artspezifische Gehäuseformen heraus (Abb. 15). (Verwiesen sei auf die als Verringerung der Artenzahl zu beobachtenden charakteristischen Einschnitte, z. B. zu Beginn und Ende des Trias, die von einem grundlegenden Faunenwandel zeugen.) Die Ammoniten – ihren Namen erhielten sie nach dem widderköpfigen Gott Ammon – besaßen in der Regel planspiralige Gehäuse (Abb. 16) und erloschen zusammen mit den Sauriern am Ende der Kreide-

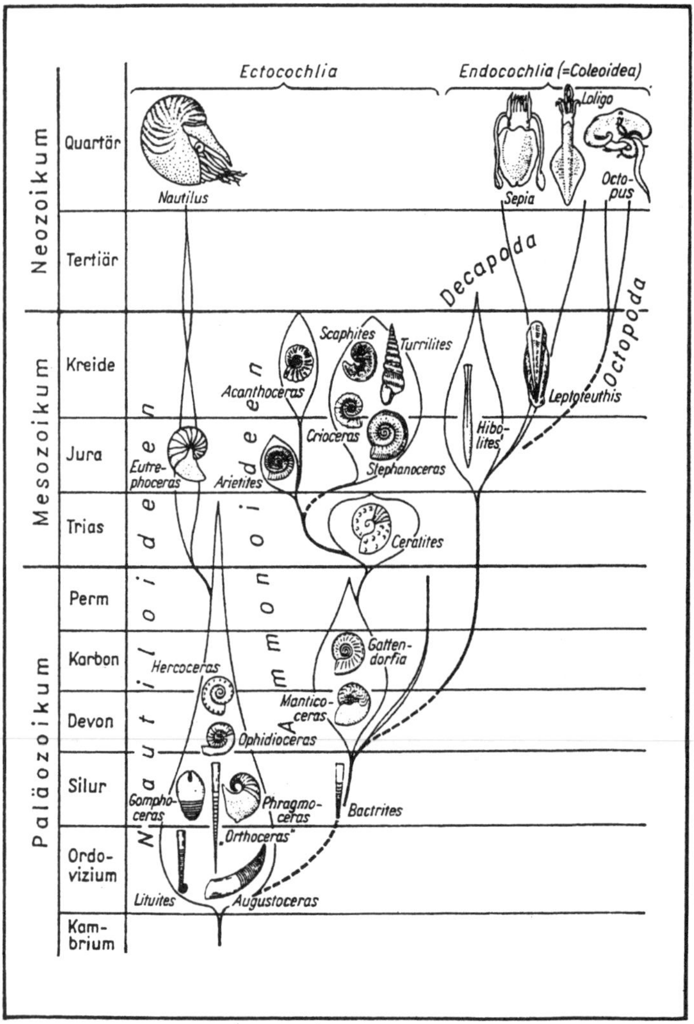

Abb. 15. Vereinfachte Darstellung der stammesgeschichtlichen Entwicklung der Kopffüßer (Cephalopoda), (nach Thenius)

zeit. Nun lassen sich planspiralige, also zweiseitig symmetrische Formen, schlecht als rechts- oder linksgewunden klassifizieren. (Für eine solche Zuordnung wäre eine vergleichende Untersuchung geringfügiger Symmetrieabweichungen in der artspezifischen Lobenlinie oder bei den Kopfklappen notwendig; Abb. 17.) Indessen traten immer wieder auch Abweichungen vom Grundtyp auf, mehr oder minder gestreckte Formen, die sich wenig später wieder einrollten. Insbesondere in der Kreidezeit führte dieser Widerstreit zwischen Symmetrie und Asymmetrie zu mehreren Außenseiterlinien, die oftmals länger überlebten als die regulären Arten (Abb. 18). In die gleiche Zeit fällt übrigens auch das gehäufte Auftreten stark asymmetrischer Muscheln, bei denen die linke Schale zuweilen deutlich verkleinert, bei anderen Spezies sogar auf eine Verschlussklappe der rechten trichterförmigen Schale reduziert ist (Abb. 19).

Über bilaterale Asymmetrien liegen unzählige Angaben vor. Zu den reinen Bewegungsspiralen, beispielsweise der Laufrichtung von Spinnen beim Netzbau (sie legen meist zunächst eine Hilfsspirale, später eine gegenläufige Klebspirale an), finden sich indes nur rare, häufig einander widersprechende Angaben. Auch die bevorzugte Einroll- und Winderichtung der Schlangen – erinnert sei nur an den eher kulturgeschichtlich bedeutsamen Äskulapstab (den die Schlange meist entgegen dem Uhrzeiger umwindet) – wurde bislang kaum untersucht. Beobachtungen von baumbewohnenden Arten in den Schlangenhäusern verschiedener Tiergärten lassen jedoch gleichfalls eine bevorzugte Bewegung im Sinne unserer Normspirale vermuten. Auch aus der Rücken- in die Bauchlage wechselnde Plattwürmer vollführen wohl häufiger Linksdrehungen (Abb. 20). Um nicht in vage Spekulationen abzugleiten, soll bei den nachfolgenden Beschreibungen auf nur einige wenige, dafür aber statistisch gesicherte Beispiele besonders eindrucksvoller asymmetrischer Lebensformen eingegangen werden. Dass sämtliche höher entwickelten Tiere Asymmetrien der Bauchhöhle aufweisen, erklärt sich aus dem entwicklungsgeschichtlichen Erfordernis einer rascher als der Körper wachsenden Verdauungsoberfläche. Die Folge ist die Herausbildung von Darmwindungen, welche ihrerseits zu der bekannten Verschiebung der inneren Organe führen. Warum das

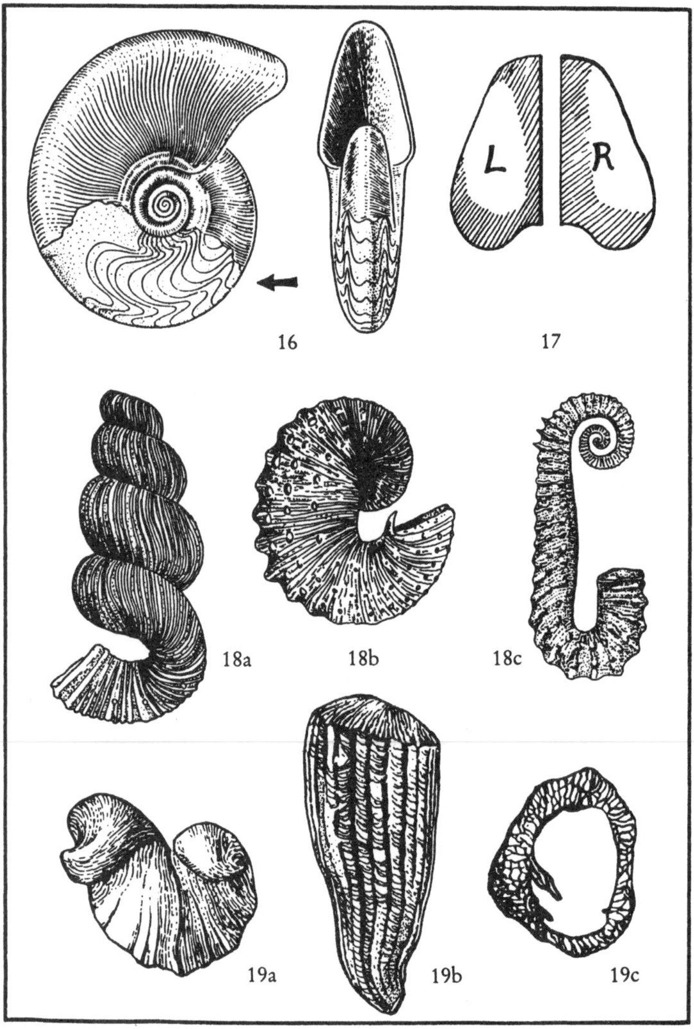

Abb. 16. Seiten- und Vorderansicht eines Ammonitengehäuses (nach Moore), der Pfeil weist auf die artspezifischen Lobenlinien; 17. Mündungsdeckel der Nautiliden (schematisiert, s. a. Abb. 15 links oben); 18. Ammonitenformen der Kreidezeit a) Cirroceras, b) Scaphites, c) Ancyloceras (nach Helms); 19. Asymmetrische Muschelschalen der oberen Jura a) Diceras, b) Hippurites - (rechte) Unterklappe mit Längsfurchen und (linker) Deckelklappe, c) wie b) Querschnitt durch eine rechte Klappe (nach Krumbiegel)

Herz dabei ausgerechnet links und die Leber rechts zu liegen kam, konnte bislang nicht geklärt werden. (Freilich sind Tiere mit linksliegendem Herzen und linksbetonten Bewegungen überlebensfähiger, da sie das empfindliche Organ bei Kämpfen, Fluchtreflex etc. auf der dem Gegner abgewandten Innenseite tragen.)

Die auffällig geformten Scheren der Winkerkrabbe werden in die kräftige Kampf- oder Knackschere (K-Schere) und die zierlichere Zähnchen-, Zwick- oder Fressschere (Z-Schere) unterschieden. Ist die rechte Schere größer als eine K-Schere, handelt es sich um ein rechtshändiges, andernfalls um ein linkshändiges Tier. Wie beim Menschen herrscht bei der Mehrzahl der Krebse und Krabben Rechtshändigkeit vor. Des Weiteren verfügen viele dieser urtümlichen Wirbellosen über die Fähigkeit, verlorengegangene Scheren zu regenerieren. Büßen sie durch Kampf oder Unfall ihre K-Schere ein, beginnt die kleinere Schere zu wachsen, bis sie schließlich die Funktion der verlorenen größeren übernehmen kann. An deren Reststumpf wiederum bildet sich eine neue Z-Schere aus. So verwandelt sich die Krabbe allmählich in ihr eigenes Spiegelbild. In der Regel erfolgt eine solche kompensatorische Regeneration jedoch nur bis zu einem gewissen Alter. (Tiere mit zwei kleinen Scheren findet man selten, noch seltener Exemplare mit zwei großen Scheren.) Nach H. Przibram ist die K-Schere als entwicklungsgeschichtlich jünger anzusehen und durchläuft bei ihrer Ausbildung stets ein Z-Stadium, so dass sie vermutlich erst infolge stark linksbetonter Bewegungsabläufe, wie dem charakteristischen Winken der Krabben, entstand (Abb. 21).

Plattfische machen nach dem Schlüpfen zunächst ein völlig symmetrisches Jugendstadium durch. Erst später kommt es aufgrund anatomischer Besonderheiten (durch die stets linksgerichteten Darmwindungen kippt der Körper nach links, bei Vorhandensein einer Schwimmblase jedoch nach rechts), zur Verschiebung eines Auges auf die gegenüberliegende Seite. Je nachdem, welche Hälfte solcherart zur Oberseite wird, spricht man von Rechts- bzw. Linksseitern. Insgesamt lässt sich ein deutliches Überwiegen rechtsäugiger Arten ausmachen. Butte sind Linksseiter, die Schollen und Zungen vorwiegend Rechtsseiter, Inversionen kommen ausgesprochen selten vor (Goldbutt 0,01 Prozent, Seezunge 0,03 Prozent). Ausgerechnet unsere bieder ausschauende Flunder bildet hier eine

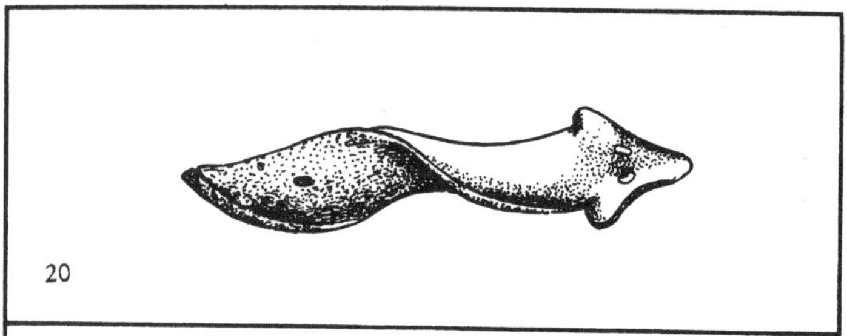

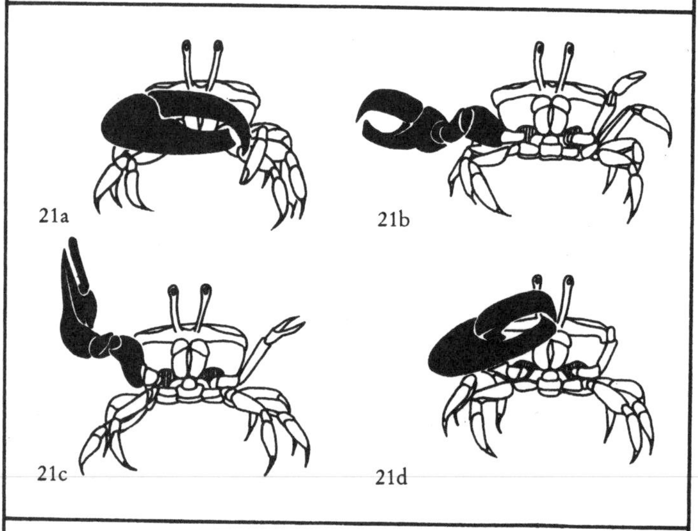

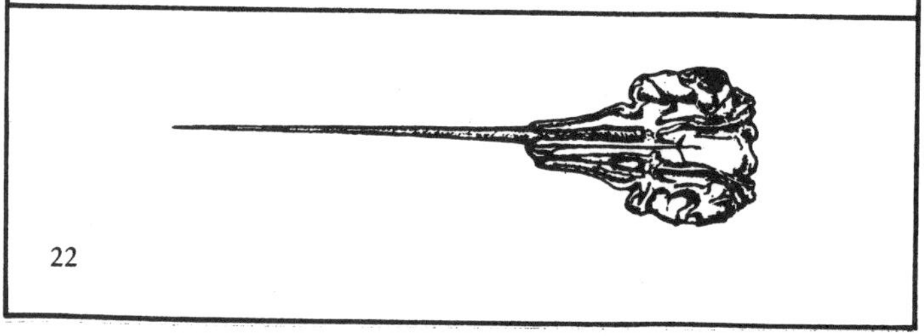

Abb. 20. Plattwurm (Planaria gonocephala), beim Wenden aus der Rückenlage (nach Franz); 21. a) - d) Ritualisierte Winkbewegung der Krabbe Uca lactea (nach Crane); 22. Narwalschädel von unten gesehen

Ausnahme: Innerhalb dieser vorwiegend rechtsäugigen Spezies treffen wir auf 25–30 Prozent linksäugige Exemplare! Ichthyologen vermuten, dass die ungewöhnlich starke Variabilität mit dem geographischen Vorkommen des Fisches zusammenhängt. Als Beleg wird meist die eng verwandte Sternflunder angeführt. Jene lebt auch im nördlichen Pazifik, wo sie eine weit größere Zahl inverser Exemplare aufweist als im Süden und zwar bis zu 75 Prozent »Linksflundern«!

Bei Vögeln fällt eine deutliche Linksasymmetrie der Geschlechtsorgane auf. Die Anlage der Hoden ist zunächst meist rechtsbetont. Mit zunehmendem Alter kehrt sich diese Asymmetrie um, so dass der linke Hoden des erwachsenen Männchens den rechten an Größe übertrifft. (Nur bei wenigen Arten, beispielsweise den Tauben, ist das Entgegengesetzte der Fall.) Auch Eierstock und Eileiter der Weibchen bleiben rechtsseitig rudimentär, häufig ist allein der linke Eileiter funktionstüchtig. Diese seltsame Linksbetonung lässt sich, bis auf wenige Ausnahmen (z. B. Sporenkuckuck), durchgängig verfolgen.

Anders verhält es sich bei den Flugspiralen. Segelnde Vögel ziehen ihre Kreise, ähnlich Segelfliegern, innerhalb von Aufwindsäulen. Die Alpendohle lässt sich von solch einer wärmeren Luftströmung wie von einem Lift in Höhen von 3000 bis 4000 Metern tragen, um dann mit geschlossenen Flügeln pfeilschnell ins Tal hinabzuschießen. Einer der bewundernswürdigsten Meister in der Kunst des dynamischen Segelfluges ist zweifellos der Albatros, der stundenlang ohne einen einzigen Flügelschlag in jede beliebige Richtung, auch gegen den Wind, voranzukommen vermag. Diese Beispiele verdeutlichen, dass die Flugbahn eines scheinbar reglos kreisenden Vogels weniger von innerer Prägung als von meteorologischen Faktoren bestimmt wird.

Bei den wasserlebenden Säugern stoßen wir auf die wohl auffälligste Linksasymmetrie aller Wirbeltiere – den verlängerten linken Zahn des männlichen Narwals, einen gigantischen Elfenbeinspieß, der mühelos mehr als die halbe Körperlänge des erwachsenen Tieres erreichen kann. Dieser Stoßzahn entpuppt sich als eine von Wülsten umgebene linksgewundene Spirale (Abb. 22). Um seinetwillen wurde das Tier schon frühzeitig erbarmungslos gejagt, da aufgeklärte europäische Snobs in dem Auswuchs die Stirnwehr des mystischen Einhorns erblickten und das geriebene Elfenbeinpulver bis ins 20. Jahrhundert hinein als potenzsteigerndes Mittel mit Gold aufwogen! Das eigentlich Bemerkenswerte daran ist, dass bei den überaus seltenen Walexemplaren, die zwei solcher verlängerten Zähne besitzen (wobei der rechte stets kürzer ist), sich diese nicht etwa wie beim Antilopengehörn gegenläufig, sondern gleichermaßen linksspiralig schrauben! An Erklärungsversuchen für dieses Mysterium hat es nicht gefehlt. So vermutet D'Arcy Thompson eine Verdrillung des Elfenbeins durch die Körperbewegung des Wales. Andere Wissenschaftler gehen von den Erfordernissen einer optimalen Statik bei linksgeführten Paarungskämpfen aus.

Auch Hirschgeweihe weisen in der Regel eine geringfügige Asymmetrie in Größe und Gestalt auf. Die linke Geweihhälfte der einheimischen Tiere ist im Allgemeinen stärker ausgeprägt und besitzt mitunter eine zusätzliche Zacke. Auch der linke Augenspross des Rentiergeweihs ist oft schaufelartig verbreitert, wesentlich größer als der rechte, und steht im Gegensatz zu jenem eher vertikal. Diese Besonderheiten werden von der Gewohnheit der Männchen abgeleitet, ihre Paarungskämpfe vor allem mit der linken Geweihhälfte zu bestreiten. Demzufolge treten linksseitige Geweihbrüche und entsprechende Verletzungen auch sehr viel häufiger auf – eine Beobachtung, die sich auch an Wildochsen bestätigt fand.

Stehende Pferde sind nach B. Grzimeks Angaben zu etwa drei Vierteln »händig«, die meisten von ihnen scharren mit dem rechten Vorderhuf. Vier Fünftel der von ihm untersuchten Rösser kauten auch rechts und wenn sie aus dem Stand heraus antraten, benutzen sie in der Regel das rechte vordere Bein (da sie diagonal treten, entspricht das dem menschlichen linken). Unzugerittene Pferde und Wildpferde bevorzugen den Linksgalopp, während zugerittene Pferde in der Mehrzahl lieber rechts galoppieren. Ähnliches gilt für die Bevorzugung der Links- bzw. Rechtskurven. (Der Zusammenhang besteht wohl darin, dass Rechtskurven im Rechtsgalopp leicht, im Linksgalopp nur sehr schwer zu nehmen sind.) Beim Voltigieren hingegen wird das Pferd linksherum geführt, ebenso beim Traben. Ursache für diesen permanenten Widerspruch zwischen wilden oder freilaufenden und gerittenen Pferden dürfte der zumeist rechtshändig bzw. rechtsbeinige Reiter sein, der das Tier in der ihm, also dem Menschen, genehmen Weise dressiert, und auch die Gesetze der rechtsläufigen (!) Rennbahn wurden ja letztlich von Menschen festgelegt und nicht von Pferden.

Gerade das letzte Beispiel lässt die Komplexität des Rechts-Links-Problems im Tierreich sinnfällig werden. So ist es ein Irrtum, anzunehmen, dass Rechtsasymmetrien Linksasymmetrien widerlegen. Oftmals handelt es sich dabei um zwei Seiten ein und derselben Medaille (wie Rechtshändigkeit und die stärker entwickelte linke Hirnhälfte des Menschen). Aber selbst wenn vergleichbare gegensätzliche Phänomene auftreten (so wurde im Versuch festgestellt, dass von einigen Hundert Mäusen in geschlossenen Tanks etwa die Hälfte links- und die andere Hälfte rechtsherum schwimmt und dieses unterschiedliche Verhalten bei den jeweiligen Tieren relativ konstant bleibt), stellt sich die Frage nach den Gründen für einen derart markanten Unterschied innerhalb einer Spezies! Gerade solche doppelten Asymmetrien bei Eigenbewegungen werden durch allzu rasche Verallgemeinerung leicht wieder überdeckt.

Nachforschungen und Hypothesen

Wieder waren mehrere Jahre ins Land gegangen. Das Staatsexamen, meine Approbation als Arzt und die Promotionsarbeit lagen bereits hinter mir. Ich war im Institut für Infektions- und Tropenkrankheiten des Klinikums Berlin-Buch angestellt und hatte dort ein diagnostisches Labor aufgebaut, in dem sich mein kleines Team zusätzlich mit unaufwendigen Forschungsprojekten beschäftigte. Zu jener Zeit untersuchten wir gerade die Übertragung bestimmter Infektionskrankheiten durch Stechmücken. Wir hatten dazu mannshohe Freilandkäfige mit dichten Gaze-Netzen bespannt und sie am nahen Waldrand aufgestellt, um den darin befindlichen Mücken ein relativ natürliches Leben und Überleben zu ermöglichen. Nur mit Grausen denke ich an die allmorgendliche Suche nach unseren Versuchsobjekten zurück, die ja nicht nur mühsam erspäht, sondern auch noch überaus vorsichtig wieder eingefangen werden mussten, damit sie später unbeschadet auf unsere Ratten und Meerschweinchen angesetzt werden konnten. Die Vorüberkommenden warfen uns zwar zuweilen vielsagende Blicke zu, wenn wir durch eine enge Schleuse die Käfige betraten, die eher für die Haltung von Tigern als von Insekten gemacht schienen und darinnen – die Mücken waren ja von außen nicht zu sehen – merkwürdige Verrenkungen vollführten; diese Form der Mückenhaltung hatte sich indes als die einzig praktikable erwiesen. Nach unseren Experimenten fertigten wir mit Hilfe von Feinschneidegeräten Dünnschnitte aus dem Magen-Darm-Trakt der Mücken an und kamen zu einer Reihe aussagekräftiger Ergebnisse, für die sich auch die Wissenschaftsredaktion des DDR-Fernsehens interessierte. Herr Heimlich, ein Journalist, der die Sendung zu diesem Thema betreute, kam bei uns vorbei und teilte uns mit, dass der Dokumentarbericht zur Malariaübertragung gut angekommen sei und fragte, ob wir nicht noch etwas anderes wüssten, was als Stoff für einen Wissenschaftsfilm geeignet wäre. Wir antworteten ihm damals, dass sich unsere Arbeit kaum von der ähnlich gearteter Labore unterschiede. Unsere täglichen Aufgaben bestanden im Nachweis verschiedener Infektionskrankheiten aus dem Untersuchungsmaterial der Klinikpatienten. Die Methodik, die wir dazu benutzten, entsprach der an vergleichbaren Einrichtungen. Da fiel mir plötzlich wieder das Linksphänomen ein, und ich berichtete in Kurzfassung über die Linkskurven der skifahrenden Knaben, die Flugspiralen der Bienen und andere linksbetonte Bewegungsabläufe bei Mensch und Tier. Herr Heimlich hörte interessiert zu und entschied kurzerhand: Das wird gemacht! Wir tauschten unsere Telefonnummern aus, und kurz darauf war er verschwunden. Wenige Tage später erschien er erneut im Labor und erzählte, was beim Fernsehfunk in Adlershof vorgefallen war. Gleich in der nächsten Redaktionssitzung hatte er das Anliegen zur Sprache gebracht und einen Antrag auf Verfilmung gestellt. Daraufhin habe sich das Kollegium in zwei Fraktionen gespalten. Die einen riefen, das sei Parapsychologie, der gleiche pseudowissenschaftliche Unsinn wie Psi-Kräfte und Erdstrahlen und überhaupt, wo bliebe da die materialistische Weltsicht! Die anderen widersprachen heftig, verwiesen darauf, dass sie das Phänomen gleichfalls erlebt hätten und stimmten dafür, die Angelegenheit sachlich zu überprüfen. Offenbar setzte sich der gemäßigtere Flügel durch, denn Herr Heimlich wurde beauftragt, eine Reihe bekannter Wissenschaftler aufzusuchen, um ihnen das Problem vorzutragen und ihre Reaktionen und Aussagen in Bild und Ton festzuhalten. Ich sollte ihm dabei behilflich sein. Herr Heimlich erarbeitete eine Liste mit den Namen der Professoren und ihrer Institutionen, und die Recherchen konnten beginnen. Ich hatte bei meinem damaligen Institutsdirektor, Herrn Obermedizinalrat Dr. Kurt Henne, der auch die späteren Laborexperimente großzügig tolerierte, die nötigen Freistellungen für diese Arbeit erwirkt und überließ die Reihenfolge der Interviews dem Kollegen vom Fernsehen. Herr Heimlich listete die von mir zusammengetragenen Beispiele sorgfältig auf, fasste sie nach Sachgruppen zusammen und plante danach die Gespräche.

Zuallererst besuchte er Prof. Hörz vom Philosophischen Institut der Akademie der Wissenschaften. Dieser hatte nach dem ihm erstatteten Bericht über den Gegenstand unseres Interesses nur eine einzige Frage: »Wie ist der Mann bloß auf diese Idee gekommen?« Die Stellungnahme, die er als Philosoph dazu im Einzelnen abgab, lautet wie folgt:

»Betrachtet man das tatsächlich vorhandene Linksphänomen als Existenz einer ausgezeichneten Bewegungsrichtung, dann handelt es sich vom physikalischen Standpunkt her um eine Asymmetrie. Asymmetrien sind auch in der Physik vorhanden und lassen sich erklären. Viele unserer Annahmen über die gleichmäßige Verteilung materieller Objekte, darüber, dass keine Bewegungsrichtung ausgezeichnet sei, sind Idealisierungen, mit denen recht gut gearbeitet werden kann. Wird eine der angenommenen Symmetrien durchbrochen, sucht man nach einem umfassenderen System, in dem sich die Symmetrie erneut herstellt. Für den Philosophen ist es wichtig, dass wirkliche Phänomene auf Asymmetrien verweisen. Meines Erachtens sind diese Unregelmäßigkeiten selbst gesetzmäßig. Die Dialektik von Symmetrie und Asymmetrie bedarf genauerer Erforschung. Überhaupt sollte man sich mit dem Linksphänomen bewusst auseinandersetzen, weil die Lösung damit verbundener Probleme praktische Bedeutung für die Konstruktion technischer Systeme, für die Steuerung des Verhaltens usw. hat. Selbstverständlich können bekannte Phänomene, auch bei noch ungeklärter Entstehungsursache, praktisch genutzt werden. So war die Orientierung nach den Sternen möglich, lange bevor Kopernikus das heliozentrische Weltbild begründete und die theoretische Begründung von Newton existierte. Deshalb sollte man das Linksphänomen in der Praxis berücksichtigen und es theoretisch erforschen.«

Diese Aussage ging als Gespräch mit Prof. Hörz in den späteren Film ein. Da Herr Heimlich und ich vereinbart hatten, das Szenarium gemeinsam zu erarbeiten, erhielt ich stets einen Durchschlag von den beglaubigten Abschriften der Interviews.

Durch einen Besuch bei Prof. Tembrock, an den ich mich ja vor mehreren Jahren schon einmal gewandt hatte, erfuhren wir, dass das Linksphänomen, wie wir es sahen, bislang noch nicht untersucht worden sei. Prof. Tembrock erläuterte, in welcher Weise soziale und andere Umgebungsfaktoren das Verhalten von Tieren beeinflussten. In einer später gegebenen Auskunft verwies er darauf, dass ranghöhere Füchse einer Sippe sich vor dem Schlafenlegen nach links drehen, rangniedere nach rechts. Bekanntlich kreisen selbst Haushunde, bevor sie sich niederlegen, mehrmals um sich selbst. Diese Eigenart wird damit erklärt, dass deren Vorfahren, wildlebende Steppenhunde, durch die Drehung scharfkantiges Gras niederwalzten, um sich ein Lager zu bereiten. Unser Problem hielt Prof. Tembrock zum Beispiel bei der Baugestaltung von Ställen für wichtig und meinte, dass hier noch ein weites Forschungsfeld läge.

Es lag nahe, sich mit der Frage nach bevorzugten Bewegungsabläufen auch an die Deutsche Hochschule für Körperkultur (DHfK) in Leipzig zu wenden. Der dort lehrende Prof. Tittel berichtete folgendes: »International existiert keinerlei festes Regelwerk, das eine Linksbewegung im Sport vorschreiben würde. Wir wissen jedoch, dass es starke körperbauliche Abweichungen von der so oft angenommenen, in Wirklichkeit aber nicht vorhandenen Symmetrie der Körperhälften gibt. Das heißt, wir bedienen uns bevorzugt einer Körperhälfte, die infolgedessen auch kräftiger entwickelt ist. Dies ist in der Regel die rechte Seite. Die Dominanz der rechten Seite können wir exakt nachweisen, zum Beispiel durch Muskelkraftmessungen. Die stetige Bevorzugung der rechten Körperhälfte bedingt, dass wir uns im Sport in der Regel linksherum drehen.«

Ich hatte Mühe, dieser Ansicht zu folgen, denn wie schon erwähnt, lässt sich das Phänomen auch bei Säugetieren, Vögeln und Insekten beobachten. Daraus müsste man die Schlussfolgerung ziehen, dass der Linksdrall viel wahrscheinlicher die Ursache für die stärkere Entwicklung und Ausprägung der rechten Körperseite darstellte als deren Wirkung. Wir beschlossen deshalb, noch einen anderen Experten, Prof. Dathe, den Leiter des Ost-Berliner Tierparkes, zurate zu ziehen. Von diesem Gespräch brachte Herr Heimlich die Information mit, dass Wirbeltiere häufig gleichfalls eine stärker ausgebildete rechte Körperhälfte hätten, was uns in unserer Meinung über die Ursache-Wirkungs-Beziehungen bestärkte. Zur Vervollständigung dieses Themenkomplexes fuhren wir noch nach Dresden zur Technischen Universität. Am Institut für Arbeitsphysiologie wandten wir uns an Herrn Prof. Hacker. Er erklärte uns, dass die Rechts-Links-Problematik bei Arbeitsaufträgen keine Rolle spielte, wohl weil die technisch-organisatorischen Festlegungen nur sehr wenige Freiheitsgrade ließen. Andererseits sei ihm auch kein statistisch gesicherter Nachweis für eine Bewegungsbevorzugung bei Arbeitsprozessen bekannt. Sollte es so etwas tatsächlich geben, sähe auch er den Grund in der besonderen Ausbildung der rechten Körperhälfte. Dabei räumte er ein, dass das Phänomen bei der Suche nach neuen arbeitsgestalterischen Lösungen durchaus relevant werden könnte. Alle konsultierten Wissenschaftler (wir suchten noch zahlreiche weitere Dozenten für Physiotherapie und Botanik, Zoologie und Sport auf) hatten die Existenz des Phänomens akzeptiert, das Rätsel an sich blieb jedoch nach wie vor ungelöst. Wir entschieden uns, einen Vorstoß in den Bereich der unbelebten Materie zu unternehmen. Als Erstes bekam ich Gelegenheit, mit Herrn Prof. Bernhard vom Lehrstuhl für Angewandte Atomphysik der Humboldt-Universität zu sprechen. Nach der üblichen kurzgefassten Darlegung des Problems, verwies Prof. Bernhard auf die Corioliskraft infolge der Erdrotation. Ich kann mich erinnern, dass wir lange an einer Wandtafel zeichneten und diskutierten, die Debatte aber letztlich ergebnislos abbrachen, da auch die Corioliskraft auf so grundlegende Fragen wie die der Allgegenwart rechtshändiger Kulturen und Völkerschaften zwischen beiden Polen, denen nicht eine einzige klar linkshändige Gesellschaft gegenübersteht, keine Antwort zu geben vermochte.

Während wir mit den Recherchen zum Film beschäftigt waren, herrschte in unseren Köpfen ein ziemliches Durcheinander. Vor allem plagten uns ständige Zweifel an der Objektivität der eigenen Beobachtungen: Wie leicht neigt man dazu, nur jene Beispiele auszuwählen, die einer Theorie entsprechen und gegensätzliche auszuklammern. So zeigten die ersten Kameraeinstellungen eine linksdrehende Weihnachtspyramide und ein linksdrehendes Karussell. Die Pyramide dreht sich aber in Abhängigkeit von der Stellung ihrer Rotorblätter, diese wiederum richtet sich nach der Aufstellung der Figuren, ist also willkürlich gewählt. Beim Karussell liegen die Dinge ähnlich, je nach Anschluss des Motors und Montage der Reittiere oder Fahrzeuge, treffen wir sowohl auf rechts- als auch linksdrehende Plattformen. (Die entscheidende Frage wäre hier also nicht die nach der jeweiligen Bewegungsrichtung, sondern die, ob sich Kinder auf einem rechtsdrehenden Karussell eventuell anders fühlen als auf einem linksdrehenden, und welcher Typ von ihnen bei gleichberechtigter Ausgangslage bevorzugt wird.)

Auch bei anderer Gelegenheit packten mich Zweifel. Eines Tages saß ich mit einigen Kollegen in der Kantine der Berliner Staatsoper. An unserem Tisch hatte ein Kammersänger Platz genommen und gab ein paar Anekdoten aus dem Bühnenleben zum Besten. Mir fiel ein, dass auch beim Ballett Kreisfiguren getanzt werden, und ich erkundigte mich, ob dabei eine Bewegungsrichtung vorherrschen würde. Unser Gegenüber stutzte leicht, rief dann hinüber zu einem Nachbartisch, an dem mehrere Ballettdamen in schwarzen Trikots saßen und bat eine junge Tänzerin, vor unserem Tisch eine Pirouette zu drehen. Das Mädchen kam der Aufforderung ohne das geringste Erstaunen nach und drehte sich graziös im Kreis. Und zwar rechtsherum! Auf meine Frage erfuhr ich, dass die Pirouette von Beginn der Ausbildung an so gelehrt werde. Ich bedankte mich und schwieg verwirrt, denn ich hatte bei ähnlicher Gelegenheit genau das Entgegengesetzte erfahren. Die Eiskunstlauftrainerin Frau Steiner-Walther hatte mir in einem kurzen Gespräch mitgeteilt, dass der Trainer die Neuankömmlinge lediglich auffordert, eine Pirouette zu drehen. Da die überwiegende Mehrzahl der Nachwuchsläuferinnen Linkspirouetten zeigten, würden sie im weiteren Verlauf auch so einstudiert. Wo lag nun die Lösung des Widerspruchs? Eiskunstläuferinnen gleiten in der Regel in einer Linksbahn durch das Stadion. Aus dieser Bahn heraus springen sie ihre Figuren. Die Anlaufbewegung prägt als linksgerichteter Bahnimpuls die Drehung vor, und es dürfte schwerfallen, plötzlich in eine rechte Pirouette überzugehen. Die Tänzerin hingegen vollführt die Drehung um die eigene Achse aus dem Stand, sie wird also das gewöhnlich kräftigere rechte Bein als Standbein nutzen und das linke, um Schwung zu holen. Der scheinbare Gegensatz zwischen beiden Pirouetten liegt also im unterschiedlichen Körpereinsatz begründet.

An dieser Stelle bietet sich auch noch ein anderes physisches Beispiel zu bevorzugten Bewegungsformen an. Ein etwa 40-jähriger Mann, der infolge eine Unfalls seinen rechten Arm verloren hatte, wurde von mir nach der Funktionsfähigkeit der linksseitigen Muskulatur befragt. Die Amputation lag bereits Jahre zurück, und die Verrichtung von Aufgaben, die einer Hand obliegen, wie Essen, Schreiben, Zähneputzen etc. gelang ihm mit der Linken relativ schnell und ohne besondere Schwierigkeiten. Eines war ihm als Sportler jedoch aufgefallen: die Leistung des linken Armes beim Ballweitwurf lag deutlich unter der des ehemaligen rechten. Er ärgerte sich sehr darüber und wollte den Unterschied durch intensives Training ausgleichen. Doch obwohl er mit den sportlichen Kniffen der Wurftechnik durchaus vertraut war, gelang es ihm nicht, sein Ergebnis nennenswert zu verbessern.

Kurze Zeit darauf suchte ich mit Herrn Heimlich Prof. Treder in Potsdam auf. Der namhafte Wissenschaftler belegte als Direktor des Instituts für Astrophysik jene Planstelle, die einst für Albert Einstein geschaffen worden war. Mitten in einem ausgedehnten Park stand eine ältere, architektonisch sehr reizvolle Villa. Die Sekretärin empfing uns und führte uns in ein Zimmer, wo wir von dem hochgewachsenen Direktor und dessen Stellvertreter begrüßt wurden. Nachdem wir Platz genommen hatten, erzählte ich von meinen Beobachtungen und suchte sie in ein vages Schema zu bringen. Unser Gespräch ging zunächst von der Bewegungsproblematik aus, nahm aber bald eine Wendung hin zu asymmetrischen Entwicklungs- und Wachstumsstrukturen. Wir sprachen über den Aufbau von Schneckenhäusern, die Bildung organischer Molekülketten und vieles Andere mehr. Eine mögliche Bewegungsbevorzugung vermochte Prof. Treder damals auch nicht zu begründen. Er bat uns jedoch, physikalische Erklärungsversuche möglichst aus dem Spiel zu lassen und uns bei unserer Analyse auf eine reine Phänomenologie zu beschränken. Beim Abschied empfahl er uns ein Buch des englischen Wissenschaftsjournalisten

Martin Gardner. Dieser habe unter dem Titel »Das gespiegelte Universum. Links, rechts – und der Sturz der Parität« kenntnisreich zur Problematik der Asymmetrie geschrieben.

Wieder in Berlin angekommen, lieh ich mir das angegebene Werk aus und stieß, neben zahlreichen Betrachtungen zu spiegelbildlichen Strukturen und physikalischen Asymmetrien, auf folgende kurze Passage:

»Ein bemerkenswertes Beispiel für das Fliegen in Spiralen liefern die Hunderttausende mexikanischer Fledermäuse, die in den Kalksteinhöhlen von Carlsbad in New Mexico schlafen. In seinem Buch ›The Desert Year‹ (Sloan 1952) gibt Joseph Wood Krutch eine lebendige Schilderung, wie die Fledermäuse, wenn sie aus der Höhle ausschwärmen, stets eine linksläufige Spirale beschreiben. Er schreibt: ›Ihre Übereinkunft ist sicher sozial von Vorteil. Gäbe es sie nicht, so wäre das Verlassen der Höhle für eine Fledermaus fast ebenso gefährlich wie die Fahrt im Auto zur Arbeit‹. Haben Corioliskräfte möglicherweise etwas damit zu tun? Schwärmen Fledermäuse auf der südlichen Erdhälfte in Rechtsspiralen aus, wenn die nördlichen es in Linksspiralen tun? Krutch prüfte diese Frage mit einer Anzahl von Autoritäten für Fledermäuse nach; er konnte aber nicht zu einer klaren Auskunft darüber gelangen. Corioliseinfluss ist unwahrscheinlich. Dennoch bleibt der Drehsinn der Flugbahnen, in denen Fledermäuse spiralig ausschwärmen, ein interessantes und von den Naturforschern noch nicht erforschtes Thema. Krutch sagt: ›Vielleicht wird einmal jemand einen ausgedienten Windkanal senkrecht aufstellen und ein paar Hundert Fledermäuse unten hineintun …‹«

Hier kam das Bewegungsphänomen, das uns so beschäftigte, erneut zur Sprache. Doch offenbar gab es tatsächlich niemanden, der sich damit intensiver auseinandergesetzt, geschweige denn es systematisch untersucht hatte. Waren wir auf etwas völlig Neues gestoßen? Unsere Neugier steigerte sich zunehmend. Herr Heimlich fuhr zum Fernsehfunk nach Adlershof, um seine Vorgesetzten über den Fortgang der Arbeit zu unterrichten. Schließlich rief er an und teilte erfreut mit, dass der Film produziert werde. Für eine detaillierte Produktionsberatung wollte er zu mir nach Buch kommen.

Linksbetonte Bewegungsabläufe beim Menschen

Die Symmetrie des menschlichen Körpers ist bekanntermaßen nur eine scheinbare. Die Asymmetrie der Eingeweide hat sich – wie schon im Kapitel zur Zoologie ausgeführt – durch die für höhere Lebewesen typische Darmfaltung entwickelt. Warum dabei die Leber ausgerechnet rechts und das Herz links zu liegen kam, ist ungeklärt. Sichtbare Asymmetrien sind der in der Regel schwerere und tiefer hängende linke Hoden des Mannes und die häufig leicht vergrößerte linke Brust der Frau, die noch zu besprechende leichte Asymmetrie der Gesichtshälften und, last but not least, der oft geringfügig längere, vom Umfang her größere und kräftiger entwickelte rechte Arm. Dabei gilt für Linkshänder zwar tendenziell das Umgekehrte, allerdings tritt selbst bei ihnen eine deutliche Verschiebung zugunsten des rechten Armes auf. Sie widerspiegelt sich in der folgenden, mit gewissen Schwankungen behafteten Gegenüberstellung (nach E. Stier).

	gleichseitiger Arm größer	beide Arme gleich groß	ungleichseitiger Arm größer
Rechtshänder	75 – 80%	10%	10 – 15%
Linkshänder	50 – 60%	10%	30 – 40%

Diese kleine Tabelle lässt bereits erahnen, welche Schwierigkeiten es bereiten kann, einen Menschen als Linkshänder einzustufen. Gilt als Maßstab, wie er die Hände verschränkt oder welche Hand er zum Schreiben verwendet? Viele Linkshänder haben aber bereits mit der rechten Hand schreiben gelernt und zeichnen nur noch mit links. Andere wiederum waren seit frühester Jugend gezwungen, ihr Musikinstrument, ob nun Geige, Klavier oder Saxophon, wie ein Rechtshänder zu betätigen und erwarben darin verblüffende Fertigkeiten. Moderne Statistiken gehen, je nach angelegten Kriterien, von 5–10 Prozent echten und nochmals 5–10 Prozent sogenannten verdeckten, also umgelernten Linkshändern aus. Immerhin ansehnliche 10–20 Prozent! Andere Autoren sprechen gar von einer völlig indifferenten Anlage und behaupten, dass die Händigkeit des Säuglings erst durch seine Umwelt geprägt wird. Dem stehen mindestens zwei Tatsachen entgegen. Erstens bringen linkshändige Eltern signifikant häufiger linkshändige Säuglinge zur Welt und zweitens lässt sich schon beim 28 Wochen alten Embryo der sogenannte Magnussche Kopfwendereflex beobachten, eine Kopfdrehung nach rechts bzw. links, bei der der Fötus die auch später bevorzugten Gliedmaßen streckt und die der anderen Körperseite anzieht.

Bereits bei Platon und Aristoteles finden sich Erklärungen zur allgemein vorherrschenden Rechtshändigkeit. Im Alten Testament und der Ilias wird die Linkshändigkeit von Kämpfern als Besonderheit ausdrücklich erwähnt. Und es gibt auf unserem gesamten Erdball keine einzige Nation oder Völkerschaft, bei der Linkshänder die Mehrheit bilden. Andererseits ist auch nicht festzustellen, dass sich ihre Zahl nennenswert verringert, obwohl sie es im Allgemeinen schwerer haben, sich im vorherrschend rechtshändigen Alltag zurechtzufinden. Über dieses Paradoxon ist viel gerätselt worden. Eine der interessantesten Hypothesen dazu stellte R. Kobler in seinem Werk »Der Weg des Menschen vom Links- zum Rechtshänder« vor.

Untersucher	rechtshdg. Stücke	linkshdg. Stücke	symmetrisch	Fundort
G. de Mortillet	105	197	52	Frk./Schweiz
P. Sarasin	147	136	153	La Micoque
P. Sarasin	59	78	66	Frz. Sammlg.
Kobler/Beninger	38	67	47	Öst. Sammlg.
Kobler/Zemek	2	18	1	Lubna
Kobler/Zemek	1	10	–	Nordböhmen

Aus den vorstehenden von G. de Mortillet, P. Sarasin und ihm selbst zusammengetragenen Einstufungen von paläolithischen und neolithischen Steinwerkzeugen, insbesondere dem Umstand, dass der

Prozentsatz der für Linkshänder ausgelegten Schaber und Faustkeile mit zunehmendem Alter der Funde ansteigt, zieht R. Kobler den Schluss, dass der Mensch ursprünglich Linkshänder war und sich erst später zum Rechtshänder entwickelte. Dieser Gedankengang deckte sich auch mit der damals sehr populären sogenannten Pye-Smith-Weberschen Kampftheorie, die etwa Folgendes besagt: Mit dem Aufkommen primitiver Lanzen, später von Pfeil und Bogen, schützte der Mensch im Zweikampf das eigene Herz (dessen Bedeutung ihm, wie wir aus Höhlenzeichnungen im sogenannten Röntgenstil vermuten können, durchaus bekannt war). Seine rechte Hand wiederum zielte auf kürzestem Weg nach der linken Brust des Gegners. Bei solchen Auseinandersetzungen auf Leben und Tod waren Linkshänder stark benachteiligt und wurden wahrscheinlich häufiger verwundet. Andererseits hatte sich diese Arbeitsteilung beider Hände in der Jagd und bei Gefahrsituationen (rechte Schulter vorgestreckt, rechter Arm schützend erhoben) als optimal erwiesen. Beide Faktoren zusammen führten zur Ausbildung und der allmählichen Zunahme der Rechtshändigkeit.

Hier noch eine ergänzende Vermutung, die bei R. Kobler nur vage anklingt: Die rechte Hälfte des Gehirns steuert die Bewegungsabläufe der linken Körperseite, die linke Hemisphäre die der rechten. Aus Gründen, auf die wir im nächsten Kapitel noch zu sprechen kommen, wird die linke Hirnhälfte als Sitz der rational-schöpferischen Komponente unseres Bewusstseins bezeichnet, jener also, die mit der Menschwerdung überhaupt erst entstand. Beim heutigen Menschen ist diese Hemisphäre größer und schwerer als die rechte. Es wäre also durchaus vorstellbar, daß der Prozess der zunehmenden Intellektualisierung des Menschen auch auf seine Händigkeit zurückwirkte, und die Rechtshändigkeit – über die Arbeit – zusätzlich beförderte. (Nur am Rande sei hier die nostalgische Überlegung gestattet, wie das menschliche Leben auf unserem Planeten aussehen würde, wenn die Evolution uns eine größere rechte, also intuitiv-emotionale Hirnhälfte beschert hätte: vielleicht wäre es um vieles freundlicher, gerechter und sanfter.)

In der praxisbezogenen Anwendung unterscheiden wir zwei bevorzugte Bewegungsformen der Hand – die äußere und die innere Drehung. Dabei sei äußere Drehung die Stoß-, Schlag- oder Wurfbewegung, die ein Rechtshänder beschreibt, wenn er einen Diskus oder einen Bumerang fortschleudert. Es handelt sich hierbei um eine von hinten nach vorn (und häufig aufwärts) gerichtete Linksdrehung (Abb. 23). Wir bezeichnen sie als äußere, weil sie unter Einsatz der Schulter- und Brustmuskulatur erfolgt und zu einem Teil um den eigenen Körper führt. Innere Drehung hingegen sei die Bewegung genannt, mit der ein Rechtshänder eine Schraube mit Rechtsgewinde festzieht. Dabei wird vor allem der Bizeps und die fleischige Daumenbasis genutzt, die Drehung selbst ist von uns aus gesehen eine (zumeist nach unten) gerichtete Rechtsbewegung (Abb. 24). Der Verweis »von uns aus« ist hierbei durchaus von Bedeutung, denn adäquat der bevorzugten Entwicklungsrichtung von Windepflanzen und Schneckengehäusen handelt es sich vom Agens Hand aus betrachtet – Linksbewegung bei nach oben gekehrtem Daumen (Bumerangwurf), Rechtsbewegung bei nach unten gekehrtem Daumen (Schraube festziehen) – in beiden Fällen um Linksdrehungen, die sich nur bezüglich ihres Durchmessers unterscheiden. (Der Übergang von innerer zu äußerer Drehung lässt sich übrigens besonders anschaulich an der Handstellung eines Golf- oder Tennisspielers verfolgen.)

Diese zunächst empirischen Erkenntnisse über einen optimalen Muskeleinsatz flossen in die Herstellung von Hiebwaffen und Sportgeräten ein. Später wurde auch der Drall ausgenutzt – die rotierende Eigenbewegung, die wir einem Wurfobjekt mitteilen. Der flache Stein, den wir über die Wasserfläche eines Sees springen lassen, dreht sich beim Rechtshänder entgegen der Schleuderbewegung im Uhrzeigersinn (Abb. 25). (Der Masseschwerpunkt des Steins liegt etwa in der Mitte. Durch sein hohes Trägheitsmoment bestrebt, in seiner ursprünglichen Lage zu verharren, wird er zum Rotationszentrum für jenen Punkt am Rand, den wir beim Werfen zuletzt freigegeben haben.) Der Drall verleiht der fliegenden Steinscheibe Stabilität und damit eine gewisse Treffsicherheit. Dieses Prinzip wurde für ostasiatische Kampfsterne ebenso genutzt wie bei der Gewehrkugel. Wird hingegen ein größerer Gegenstand geschleudert, dessen außenliegendes Massezentrum stärker beschleunigt wird, als der Punkt, den wir loslassen, ergibt sich die umgekehrte Bahn – eine linksgerichtete Schleuderbewegung. Sie kommt zur Anwendung beim nordamerikanischen Wurflasso und der Bola (dem zusammengeknüpften Steinepaar der argentinischen Gauchos), bei der Steinschleuder

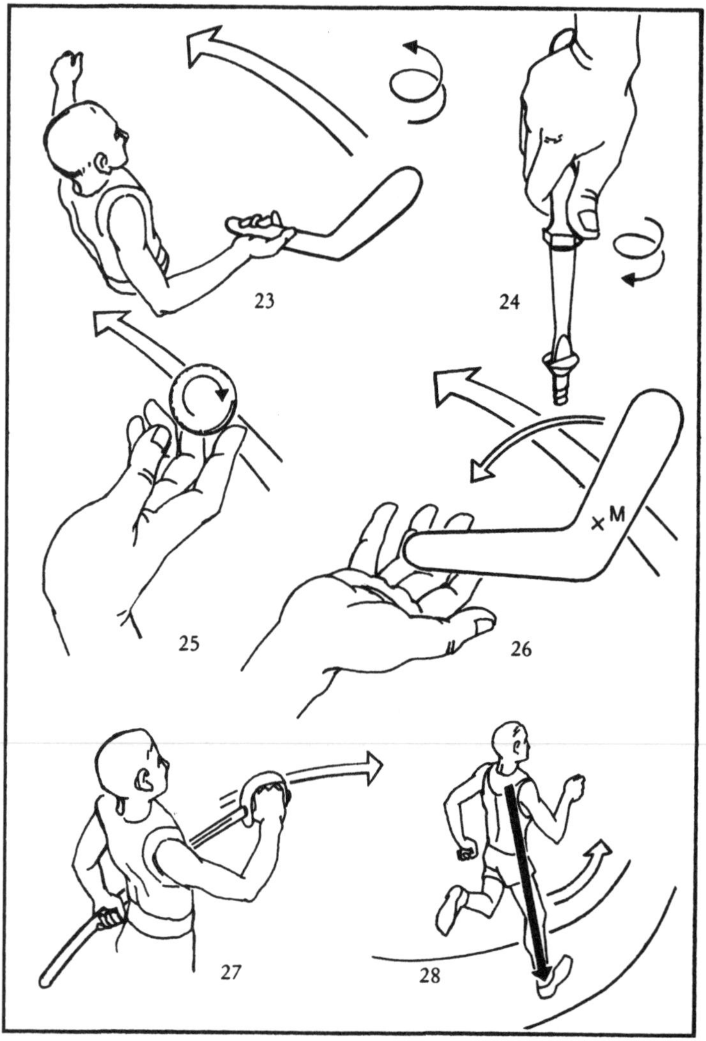

Abb. 23. Äußere Drehung; 24. Innere Drehung; 25. Drall einer fortgeschleuderten Steinscheibe; 26. Rotation eines Bumerangs; 27. rechtshändige Gegenbewegung zur äußeren Drehung; 28. Beinbelastung beim Passieren einer Linkskurve (Krebs)

südländischer Schafhirten und bei dem so sinnreich konstruierten Bumerang der australischen Ureinwohner (Abb. 26). Mit nach unten gekehrtem Daumen wird die entsprechende Gegenbewegung (als von uns aus gesehen rechter, von der Hand aus linker Kreisbogen) geführt, so, wenn ein Edelmann den Degen oder Säbel zog, um seine Dame zu schützen (Abb. 27). (Dieses anachronistische Beispiel sei hier bemüht, weil es vermutlich zu der Konvention führte, dass die zu schützende Dame rechts neben ihrem Kavalier schritt, aber zu seiner Linken saß.)

Die innere Drehung findet Berücksichtigung bei Muttern und Gewindebolzen, kleinen Bleistiftanspitzern und Holzbohrern, Wasserhähnen, Korkenziehern, Glühbirnenfassungen und anderen Gegenständen des Alltags. Auf entgegengesetzte Gewinde treffen wir bei den Befestigungsmuttern linkslaufender Räder (um der Selbstlösung entgegenzuwirken), den früheren Glühlampensockeln der New Yorker Untergrundbahn (was sie vor Diebstahl für den Hausgebrauch schützen sollte) oder an den Ansatzstellen zwischen Propangasflasche und Campingkocher (um nicht versehentlich ein Schweißgerät oder eine Sauerstoffpatrone anzuschließen).

Ein anschauliches kleines Beispiel, wie die routinemäßige Verwendung der vertrauten Handkurbel zu einem, in diesem Fall nicht allzu gravierenden, Konstruktionsfehler führen kann, bietet Großmutters Kaffeemühle. Wie andere, ähnlich betriebene Küchengeräte – Fleischwolf oder Brotmaschine – besitzt sie eine Kurbel, die rechtsherum, also im Uhrzeigersinn zu drehen geht. Solange man die Mühle, wie wohl gedacht, zwischen die Schenkel presst und sie mit den Fingerspitzen (bei nach unten gerichteten Daumen; also adäquat einer Bleistiftspitzmaschine) betreibt, ist dagegen auch nichts einzuwenden. Der Haken ist nur: Der Betreffende läuft gerade in der Anfangsphase Gefahr, sich die Finger zu brechen. Also nutzt der Rechtshänder gern die Faust. Dabei wird der Daumen nach oben gekehrt und weist (im Gegensatz zum Fleischwolf mit seinem vertikal zu drehenden Knauf), von der Kurbel weg. Die äußere Drehung muss somit als echte Rechtsbewegung vollführt werden. Wie hinderlich das sein kann, zeigen die abenteuerlichen Verrenkungen, die gerade ein mit dem altertümlichen Küchenprunkstück wenig vertrauter, hilfsbereiter Besucher vollführt, wenn er Kaffee mahlen will.

E. Stier untersuchte als Stabsarzt eine beträchtliche Zahl von Armeeangehörigen nach den für die bevorzugte Beinigkeit relevanten Prinzipien (Abstoßen beim Weitsprung und beim Schlittern, Ballanstoß etc.) und kam zu dem Ergebnis, dass Rechtshänder fast ausnahmslos zugleich Rechtsbeiner waren, während der Anteil der Linksbeiner unter den Linkshändern nur drei Viertel betrug.

Die Bevorzugung eines Beins beim Auftreten oder Stoßen bildet sich schon in den ersten Lebensmonaten heraus und lässt sich bei einem zweijährigen Kind bereits zweifelsfrei nachweisen. Statistiken ziehen als Beleg für das bevorzugte Auftreten mit dem der Händigkeit entsprechenden Fuß (die zu einer sekundären Kräftigung des Beines führt) gern den unterschiedlichen Abnutzungsgrad der Schuhsohlen heran. Und in der Tat stützen wir uns, gerade bei längerem Stehen, auf das sogenannte Standbein – bei Rechtshändern meist das rechte. (Die kaiserlichen Kuriere im alten China schufen auf dieser Grundlage einen seltsamen, unbequem anmutenden, hüpfenden Laufstil, der angeblich weniger Verschnaufpausen erforderte. Der Läufer schleifte das eine Bein fast steif mit, während das andere, mit weit ausholendem, von den Armen unterstütztem Schwung, für das Vorankommen sorgte. War das Laufbein erschöpft, wechselte er. Ein ähnliches Prinzip findet sich auch beim Tretroller. Hier nutzt das rechtshändige Kind bevorzugt sein rechtes, kräftigeres Bein zum Abstoßen; ebenso der Töpfer, wenn er seine Drehscheibe antreibt.) Die unterschiedliche Belastung führt wohl auch dazu, dass bei den meisten Rechtshändern das rechte, und bei den meisten Linkshändern das linke Bein geringfügig kürzer als das jeweils andere ist. Die Kombination größere rechte Hand – größerer linker Fuß (nach Ansicht vieler Physiologen ein Kriterium der klassischen Rechtshändigkeit) fand Ginsburg an 70 Prozent der von ihm untersuchten Skelette aus zwei Jahrtausenden. Nach N. N. Bragina und T. A. Dobrochotowa weicht der linksbeinige Mensch in einer unbekannten Gegend nach rechts ab, die überwiegende Mehrheit der Menschen, die Rechtshänder und Rechtsbeiner sind, demzufolge nach links; offenbar weil mit dem bevorzugten Bein weiter ausgeschritten wird. Um dieser Tendenz zu begegnen, wird beispielsweise der Marschrhythmus auf den linken Fuß verlegt. Mit ihm tritt ein Rechtsbeiner auch meist an – eben weil das rechte Bein Standbein ist und er auf ihm besser das Gleichgewicht halten kann. Aus demselben Grund zieht er beim schnellen Laufen in bekanntem oder zumindest übersichtlichem Gelände die Linkskurve der Rechtskurve vor. Das der Belastung besser angepasste rechte Bein läuft gewissermaßen die »äußere Bahn« und neigt sich dabei leicht nach innen, um so der Fliehkraft zu begegnen (Abb. 28).

Alle erwähnten Bewegungsformen gehen, wie allgemein üblich, von der Rechtshändigkeit aus. Die so entwickelten Schrauben, Holzbohrer, Küchengeräte oder Musikinstrumente sind für linkshändige Menschen allerdings nur mit Mühe handhabbar. Auch wenn in den letzten Jahren technische Großgeräte wie Kühlschränke, oft in zwei Öffnungsvarianten angeboten werden und es neben diversen anderen Artikeln inzwischen selbst Korkenzieher für den Linkshänder gibt, gilt nach wie vor die traurige Tatsache, dass Linkshänder in unserer Welt von Rechtshändern benachteiligt sind und eine kürzere durchschnittliche Lebenserwartung haben. Möglicherweise erklärt sich das damit, dass sie mehr Unfälle verursachen. Beispielsweise, weil sie das Steuerrad des Wagens in einer Stresssituation falsch herumreißen. Psychische Faktoren kommen hinzu. So weisen Linkshänder oft eine höhere Schmerzsensibilität als Rechtshänder auf. Zudem sind sie meist stärker emotional veranlagt. Gründe dafür können in der leicht abweichenden Belegung der funktionellen Zentren liegen. So nutzen selbst auf rechts umgeschulte Linkshänder in Augenblicken der Erschöpfung, der Unaufmerksamkeit oder des Affekts wieder ihre linke Hand. Linkshändigen Kindern gelingt es mit der linken Hand nicht nur leichter Normalschrift, sondern auch flüssig Spiegelschrift zu schreiben. Letzteres tun sie mitunter vollkommen unbewusst. Auch der linkshändige Leonardo da Vinci verfasste seine Aufzeichnungen in Spiegelschrift. Folgen einer gewaltsamen Umerziehung auf die rechte Hand sind mitunter ein Zurückbleiben der geistigen Leistungsfähigkeit und nicht selten Sprachfehler, vor allem Stottern. Dafür wird Linkshändern eine gewisse mathematische Veranlagung und ein besseres räumliches Vorstellungsvermögen nachgesagt. So nutzten Michelangelo, Holbein und Menzel zum Malen und Zeichnen die gleiche Hand, mit der überdurchschnittlich viele Architekturstudenten der Universität Cincinnati in den 70er Jahren ihr Abschlussdiplom entgegennahmen – die Linke.

Ein Dokumentarfilm und sein jähes Ende

Herr Heimlich erschien verabredungsgemäß zur Beratung über unseren Film. Er informierte mich, dass nun beim Fernsehen alle Zweifel am Wert des geplanten Vorhabens ausgeräumt wären und man eine breite Zuschauerresonanz erwarte. Geplant war ein abendfüllender, exportfähiger Dokumentarfilm unter dem Titel »Einem Phänomen auf der Spur«. Als Regisseur wurde uns Herr Lubnau aus Adlershof zugeteilt, der sogleich kundtat, dass er in Farbe drehen würde und mich aufforderte, mir ein leuchtend buntes Hawaiihemd mit einer zitronengelben Krawatte zu kaufen. Das traf nicht eben meinen Geschmack, doch ich fügte mich. Herr Heimlich erklärte in groben Zügen, wie er sich das Szenarium vorstellte. Ich versuchte, ihn mit zusätzlichen Hinweisen zu unterstützen. Die wetterabhängigen Außenaufnahmen wurden einzeln abgedreht und später mit den Interviews zusammenmontiert. Schließlich kam auch der Tag, da das ganze Kamerateam in meinem Labor anrückte, damit ich, entsprechend farblich herausstaffiert, meine Gedanken in Kurzfassung vortragen konnte.

Zur Komplettierung der Filmaussage wurden mehrere Beispiele aus der Historie herangezogen: Tibetanische Mönche betrieben ihre Gebetsmühlen schon vor Tausenden von Jahren mit einer Linksbewegung, die römischen Wagenlenker wendeten ihre zweirädrigen Kampfwagen am Ende der Bahn in einer Linkskurve, und der Athlet der Neuzeit wirft den Diskus noch ebenso aus der Linksdrehung heraus wie sein antiker Vorgänger bei den ersten Olympischen Spielen. Stellvertretend für viele andere Sportarten wurden Eisschnelllauf, Hammerwerfen, Hürdenlauf, die Kür am Pferd, der 400-Meter-Lauf, Diskuswerfen und Turmspringen ausgewählt. Auch Darstellungen von Motorrad- und Autorennen (erinnert sei nur an die linksläufigen Bahnen bei Sachsenring, Avus und Schleizer Dreieck), Eissegeln und Segelfliegen waren vorgesehen.

Eine kurze Szenenfolge war den eher unbewussten Reaktionen gewidmet. Von hinten angerufene Straßenpassanten drehen sich linksherum – Kameraschwenk – auch ein forttrottender Hund wendet sich nach links.

Auf einen Versuch, der speziell für diesen Film unternommen wurde, sei an dieser Stelle kurz eingegangen, da er einen neuen Aspekt ins Spiel brachte. Ein Freund und Studienkollege von mir war passionierter Flugmodellbauer und aktiver Segelflieger. Da er um das Linksphänomen wusste, kam er als Versuchsperson selbst nicht mehr in Betracht. Er vermittelte mir jedoch ein Treffen mit zwei Landesmeistern im Modellflug. Diese trainierten an einem der kleinen Seen in der Umgebung Berlins zwei funkferngesteuerte Modelle mit Schwimmkufen. Die kleinen Flugzeuge wurden mit laufendem Motor aufs Wasser gesetzt, mit Hilfe der Steuergeräte in die Seemitte dirigiert, dort in Position gebracht und bei voller Drehzahl gestartet. In der Luft vollführten sie mehrere Loopings, Schleifen und andere schwierige Flugfiguren, wasserten und flogen erneut gen Himmel. Als das Training beendet war (ein Modell hatte Schlagseite bekommen und musste vom Schlauchboot aus geborgen werden), fragte ich die beiden jungen Männer, warum sie bei ihrem Kunstflug vor allem Linksbogen beschrieben hätten. Sie sahen einander erstaunt an, blickten auf das umgehängte Kästchen mit den Armaturen, fassten nach dem winzigen Steuerknüppel, bewegten ihn gedankenversunken hin und her und sagten schließlich übereinstimmend, dass Rechtskurven schlechter zu fliegen wären und auch nicht so elegant und harmonisch wirken würden wie Linksbahnen.

Hier tauchte ein völlig neuer Gesichtspunkt auf, schließlich nehmen die Funkpiloten an der ausgeführten Bewegung nicht direkt, sondern nur mittels eines kleinen Metallstiftes teil, der, in Analogie zu entfernt vergleichbaren Drehungen bei Handbohrer, Angelrolle und Kurbelanspitzer, wohl auch leichter im Uhrzeigersinn zu bewegen wäre. Den Ausschlag für die Linkslenkung gab also entweder die Blickrichtung (dann bliebe zu testen, ob mit dem sich nähernden Modell eher Rechtskurven ausgeführt werden) oder aber die motorisch umgesetzte Vorstellung, selbst in der Kanzel zu sitzen. Möglicherweise auch beides.

Bei der Auswertung dieser Versuche erfuhr ich von einem alten Kriegsveteranen, dass bei der Infanterie folgende Faustregel galt: Ein von links hinten kommender feindlicher Tiefflieger greift die Marschkolonne selten an (der Pilot müsste auch eine Rechtskurve fliegen). Kommt das Flugzeug hingegen von hinten rechts, heißt es schleunigst Deckung im Straßengraben zu suchen. Das gilt sinngemäß natürlich auch für Flugzeuge, die auf die Kolonne zufliegen.

Näheres dazu fand ich später in einem vom Thieme Verlag Leipzig herausgegebenen Buch mit dem Titel »Funktionelle Asymmetrien des Menschen«. Hier wurden unter anderem ähnliche psychomotorische Vorgänge besprochen, wie ich sie seinerzeit an den Modellfliegern beobachtet hatte. Die beiden Moskauer Autorinnen N. N. Braginda und T. A. Dobrochotowa zeigen im Wesentlichen Zusammenhänge zwischen den Funktionen des gesunden bzw. partiell geschädigten Hirns und der Verarbeitung von Sinneswahrnehmungen auf und versuchen Störungen von Bewegungs- und Erinnerungsabläufen zu interpretieren. Und zwar sowohl an Rechts- als auch an Linkshändern. Am Ende ihrer Darlegungen kommen sie zu dem Resümee, dass die unterschiedlichen morphologischen, anatomischen, historischen und sozial-kulturellen Erklärungsversuche der funktionellen Asymmetrie des Menschen heute weniger denn je zu befriedigen vermögen: »Ihnen stehen allgemein bekannte Befunde entgegen. Zum Beispiel steht zu der Hypothese, die die Asymmetrie der Großhirnhemisphären bei ihrer Arbeitstätigkeit durch Unterschiede in ihrem Aufbau erklärt, die Tatsache in krassem Widerspruch, dass die funktionell ungleichen Hemisphären hinsichtlich ihrer Morphologie, ihrer Masse, ihrer Vaskularisierung und ihrer elektrischen Prozesse eher ähnlich, als unähnlich sind.

Hypothesen, die die Hauptbedeutung den historischen, sozialen Faktoren beimessen, ignorieren die Tatsache der konstanten Anzahl der Nicht-Rechtshänder, obwohl sie sich vermindern müsste, da die sozialen Bedingungen nicht für die Entwicklung der natürlichen Anlagen der Linkshänder förderlich sind, sondern sie im Gegenteil unterdrücken. Diese Hypothesen vermögen nicht zu erklären, warum die funktionelle Asymmetrie des menschlichen Gehirns bestimmten Veränderungen unterliegt, vor allem in der früheren Ontogenese zunimmt und sich in der späteren Ontogenese ausgleicht, wodurch ihre Abhängigkeit (oder wohl besser die gegenseitige Abhängigkeit) von den Arbeitsbedingungen und vom Inhalt der auszuführenden Tätigkeit zustande kommt usw.

Das Phänomen der funktionellen Asymmetrie des Menschen bleibt – das ist unsere tiefste Überzeugung – solange unverständlich, wie man es ohne Berücksichtigung der allgemeinen Gesetze der Evolution der unbelebten und lebenden Natur behandelt. Eine theoretische Konzeption, die dieses Phänomen zu erklären vermag, muss unseres Erachtens so beschaffen sein, dass sie sich auf die fundamentalen Naturgesetze stützt, die existierenden Hypothesen als Spezialfälle einschließt und eine Antwort auf die zahlreichen in diesem Buch gestellten, aber offen gebliebenen Fragen gibt. Eine derartige Konzeption lässt sich nach unserer Meinung formulieren, wenn man dieses Phänomen von den Positionen des Symmetrieprinzips aus behandelt ...«. (Die Autorinnen merken dabei ausdrücklich an, dass sie den Begriff des Symmetrieprinzips als dialektische Einheit von Symmetrie und Asymmetrie verstanden wissen möchten.)

Eine Bildfolge unseres Films war dem ebenso lästigen wie allgegenwärtigen Schlangestehen gewidmet. Auch in solch einer »sozialistischen Wartegemeinschaft« bildet sich in der Regel ein Linkswedel, das heißt, die Personen nähern sich ihrem Zielpunkt von rechts und verlassen ihn nach links. (Auch im Supermarkt greift der Kunde nach seinem Einkaufswagen, betritt die Verkaufszone von rechts und verlässt sie durch die Kassenschleuse nach links, beschreibt also einen Bogen entgegen dem Uhrzeigersinn.) Unser Antrag an das Ministerium für Post- und Fernmeldewesen, eine Drehgenehmigung für die Schalterhalle eines Postamts unter dem Titel »Schlange am Schalter« zu erwirken, wurde mit der barschen Bemerkung:

»Bei uns gibt es keine Schlangen!«, abgewiesen. Sehr anschaulich in diesem Zusammenhang auch das Passieren von Drehtüren: Man betritt das Gebäude durch die rechte Seite und verlässt es durch die linke – die Tür dreht sich also nach links. (Der Wunsch, das stillschweigend festgeschriebene Reglement zu durchbrechen, würde sowohl bei entgegenkommenden als auch nachfolgenden Passanten wenig Verständnis auslösen.) Herr Heimlich stieß in einem Thüringer Hotel auf eine weitere eindrucksvolle Szenerie. Dort mündete die imposante Freitreppe in einen symmetrischen Flur, welcher sich nach links und rechts fortsetzte. Der rechte Flügel führte zur gläsernen Ausgangstür, der linke zu einem riesigen Wandspiegel. Fast gewohnheitsmäßig strebten die meisten Hotelgäste auf der Suche nach dem Ausgang zunächst dem Spiegel zu und korrigierten sich erst, als sie ihren Irrtum bemerkten. Und das geschah selbst Personen, die den richtigen Weg bereits mehrfach gegangen waren!

Selbstverständlich wiederholten wir auch Experimente, zu denen bereits Ergebnisse vorlagen. So forderte ich mehrere Kinder, die sich auf dem Spielplatz im Rollerfahren übten, auf, im Kreis zu fahren. Oder ich ging mit der Stoppuhr in der Hand über einen Schulhof und ließ eine Gruppe von Unterstufenschülern einzeln um einen entfernter stehenden Baum und wieder zurück laufen. Angeblich um festzustellen, wer von ihnen der Schnellste sei. Dabei achtete ich streng darauf, dass die Kinder den vorherigen Läufer nicht sehen konnten. Auch diese Versuche belegten eine deutliche Bevorzugung von Linksbewegungen.

Herr Heimlich teilte mir bald darauf mit, dass die Arbeiten schon weit fortgeschritten seien und die Sendung in einer der nächsten Fernsehzeitschriften angekündigt werden würde. (Das geschah in der FF-dabei für die Programmwoche vom 19.–25. April 1976.) Auch gab es ein Angebot der ARD, den Film zu übernehmen. Alles in allem hatte ich guten Grund, mich auf den Film und die durch ihn ausgelösten Reaktionen zu freuen. Sie sollten meine Untersuchungen weiter vorantreiben.

Umso erstaunter war ich dann, als Ende September 1976 ein Brief vom Fernsehen der DDR, Redaktion Umschau – Aus

Wissenschaft und Technik (datiert vom 16. September 1976) eintraf, der sich auf unsere Dokumentation über das Linksphänomen bezog und folgende wenig überzeugende Erklärung enthielt:

»Sehr geehrter Herr Dr. Wachtel,

für die freundliche Unterstützung, die Sie uns bei der Arbeit zu unserer Sendung über die Links-Rechts-Problematik gegeben haben, bedanken wir uns noch einmal recht herzlich.

Im Verlaufe der Produktion sind bei der technisch-organisatorischen Bewältigung des umfangreichen Stoffes Schwierigkeiten aufgetreten, die zu einer wesentlichen Verzögerung der Fertigstellung dieser Abendreportage führen. Sie darüber zu informieren, liegt uns am Herzen, weil sich dadurch der Ihnen avisierte Sendetermin verschiebt. Die straffe Planung unserer materiell-technischen Kapazitäten und der schöpferischen Kräfte sowie die Lösung aktueller Aufgaben führen dazu, dass im Moment auch keine terminlichen Festlegungen über die Weiterführung der Arbeiten an dieser Sendung getroffen werden können. Sobald wir Näheres wissen, werden wir Sie selbstverständlich darüber informieren.

Mit freundlichen Grüßen
gez. Otto Dienelt, Redaktionsleiter
gez. K. Heimlich, Redakteur«

Anzumerken bleibt, dass die Dreharbeiten durch die Vorgesetzten in Adlershof stets mit viel Enthusiasmus unterstützt worden waren und sie dem Film letztlich die doppelten der veranschlagten Produktionskosten zugebilligt hatten, ohne dass irgendjemand auch nur den geringsten Einwand erhob. Das ließ die plötzliche Absetzung des Filmberichts unmittelbar vor seiner angekündigten Fertigstellung doppelt mysteriös erscheinen. Herr Heimlich selbst fühlte sich durch das nicht von ihm initiierte Schreiben schlichtweg übergangen und versuchte mehrfach, eine Wiederaufnahme der abschließenden Arbeiten zu erreichen – ohne Erfolg. Wenige Wochen darauf erlitt er einen schweren Autounfall. (Sein Wagen wurde auf offener Straße von einem LKW gerammt und hatte einen Totalschaden.) Als ich das nächste Mal von ihm hörte, war er in die Psychiatrie des St. Joseph-Krankenhauses Weißensee eingewiesen worden. Seine Frau hatte mich verständigt, und ich suchte ihn umgehend auf. Herr Heimlich sah müde aus, stand offenbar unter Tabletteneinwirkung und berichtete mir gelassen, dass er von seiner alten Arbeitsstelle beim Fernsehfunk ins Archiv versetzt worden sei. Dort habe er die Aufgabe erhalten, in Frage kommende westliche Filmberichte auf ihren Bezug zum Linksphänomen zu prüfen.

Auf diese Art endete meine Zusammenarbeit mit dem Fernsehfunk.

Funktionale Asymmetrien des Gehirns

Die Herausbildung des Bewusstseins ist eng mit der Herausbildung des Nervensystems verknüpft und existiert wie dieses in sehr unterschiedlichen Formen. Als höchstentwickelte Form gilt das Bewusstsein des Menschen. Erst in den letzten Jahrzehnten gelang es, in die Geheimnisse unseres Großhirns einzudringen, dessen Arbeitsweise, Codierungen sowie die Lage einzelner funktionaler Zentren zu ergründen. Dazu werden häufig Patienten herangezogen, denen man, im Rahmen therapeutischer Maßnahmen, die beide Hirnhälften verbindenden Fasern – oft auch nur den Balken, Corpus callosum – durchtrennt hat. (Diese Operation wird zuweilen bei schwersten Epilepsien durchgeführt, da Anfälle nach einem derartigen Eingriff erfahrungsgemäß zurückgehen oder sich zumindest auf eine Hirnhälfte beschränken.) Bis auf geringfügige linksseitige Reaktions- und Empfindungsstörungen verhalten sich solche Split-Brain-Patienten im Alltag vollkommen unauffällig. Auch ihr Intellekt wirkt unverändert. Durch eine Reihe von Experimenten, bei denen sich Split-Brain-Fälle abweichend verhielten, gelang es R. Sperry jedoch, markante Unterschiede in der Arbeitsweise beider Hirnhälften nachzuweisen. Wurden Gegenstände entsprechend Sperrys Versuchsanordnung (Abb. 29) vor die rechte Gesichtshälfte eines Split-Brain-Patienten projiziert, konnte er diese mit der rechten Hand heraussuchen, sie benennen, den zugehörigen Begriff lesen oder aufschreiben. Er unterschied sich also in nichts von einer normalen Testperson. Wurde ihm das Schattenbild dagegen vor die linke Gesichtshälfte projiziert, vermochte der Split-Brain-Patient den zugehörigen Gegenstand zwar herauszusuchen, war aber weder während der Projektion, noch nachdem er den Gegenstand bereits in der linken Hand hielt, in der Lage, diesen zu benennen. Auch gelang es ihm nicht, vor die linke Gesichtshälfte projizierte Worte zu lesen.

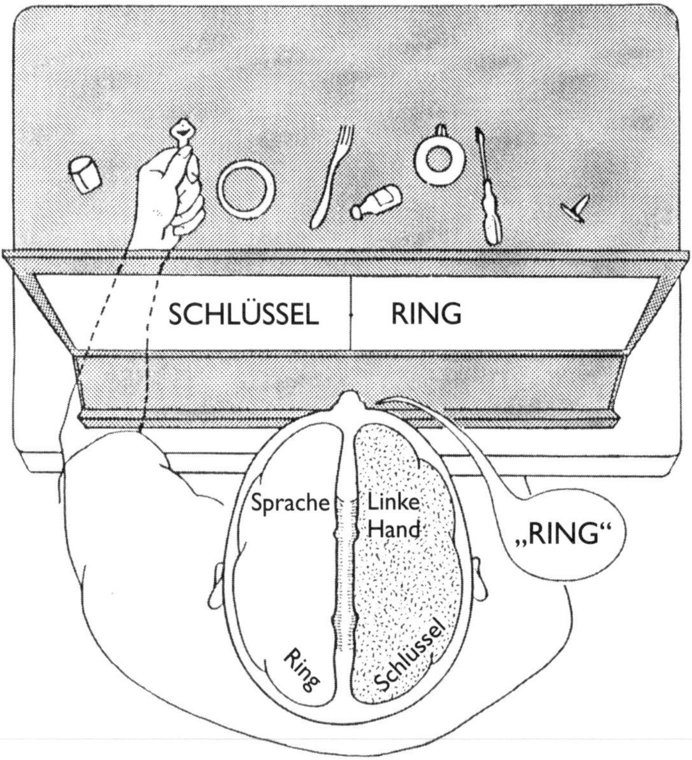

Abb. 29. Antwortverhalten eines Split-Brain-Patienten: Der Patient berichtet, dass er im rechten Fenster das kurz eingeblendete Wort »Ring« gelesen hat, verneint jedoch, das links gezeigte Wort »Schlüssel« gelesen zu haben. Er ist nicht in der Lage, Objekte zu benennen, die ihm in die linke Hand gelegt werden. Nach Aufforderung sucht er jedoch mit der gleichen Hand den korrekten Gegenstand heraus. Er selbst bezeichnet ihn als »Ring«. (nach Sperry)

Weitere Resultate belegten in überzeugender Weise, dass die linke Hirnhälfte sowohl bei Rechtshändern als auch – und das war neu – bei den meisten Linkshändern als Sitz des Sprachzentrums anzusehen ist, sich bei Letzteren jedoch häufig auch eine Verschiebung in die rechte Hälfte bzw. eine Verteilung auf beide Seiten findet. Die großen Sprachzentren (Abb. 30) unterscheiden sich vor allem darin, dass der Patient bei Schädigung des einen Artikulationsstörungen, jedoch kaum Verständnisschwierigkeiten hat, während er bei Verletzung einer anderen Region zwar gut hören, den Sprecher jedoch nicht mehr verstehen kann.

Das Gesagte gilt nur in Abhängigkeit von der Sprache selbst. Starke Schädigungen der Wernickeschen Sprachregion, die bei Europäern zum gänzlichen Verlust der Schreib- und Lesefähigkeit führen, fallen bei Japanern wesentlich weniger und bei Chinesen kaum ins Gewicht. Umgekehrt führten Schädigungen im Parietalgebiet, die für Europäer sprachlich folgenlos blieben, bei Japanern zu Störungen, bei Chinesen gar zum völligen Verlust der Fähigkeit zur schriftlichen Kommunikation. Der Grund liegt darin, dass europäische Sprachen phonetisch organisiert sind und das Chinesische in Bilderschrift fixiert wird. Beim Japanischen handelt es sich um eine Mischform beider Varianten. Da die Bilderschrift nicht mit dem phonetischen Gehör gekoppelt ist, büßt der Chinese bei dessen Zerstörung nicht wie der Europäer gänzlich die Fähigkeit zum Lesen und Schreiben ein, sondern lediglich die, geschriebene Texte laut vorzutragen. Allein die okzipito-parietale Hirnregion ermöglicht ihm das Erkennen seiner Schriftzeichen. Wird dieses optisch-kombinatorische Zentrum zerstört, könnten wir zwar noch die Einzelheiten eines Porträtfotos wahrnehmen, wären aber nicht mehr imstande, die dargestellte Person zu erkennen. Wir würden nur ein Auge, ein Ohr, eine Nase, einen Mund und ein weiteres Auge sehen, kurzum: ein surrealistisches Gemälde.

Die linke Hirnhälfte erfüllt also sprachfunktionale Aufgaben. Die rechte hingegen ist für subjektive Färbungen der Sprache, ihre Betonung, den Akzent, die Satzmelodie zuständig. Obwohl auch sie über ein gewisses Maß an Formerkennung und Abstraktionsvermögen sowie ein minimales Sprachverständnis verfügt, ist ein Mensch ohne Zutun der linken Hemisphäre nicht in der Lage, sich verbal oder schriftlich zu äußern. Im räumlichen Vorstellungsver-

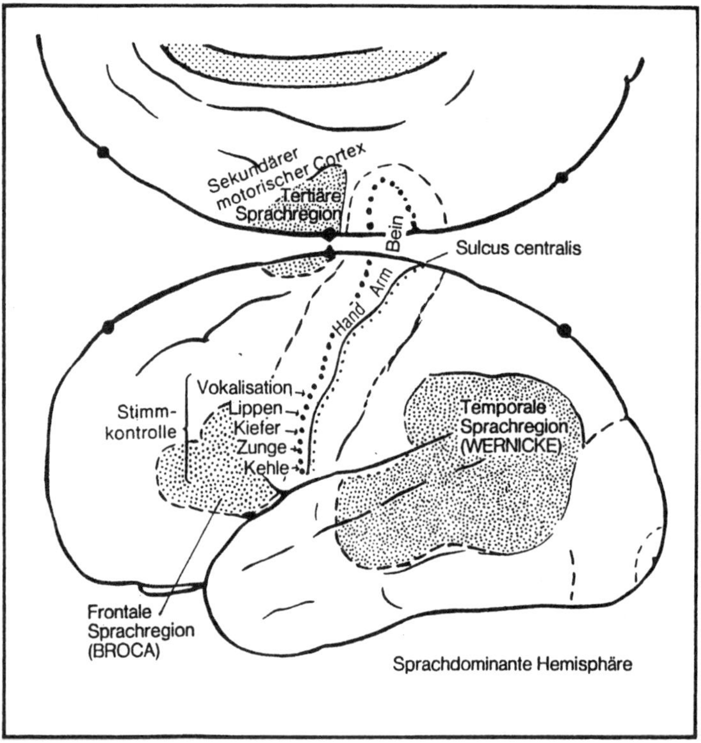

Abb. 30. Lage der Sprachregionen in der linken Hirnhälfte (nach Penfield und Roberts)

mögen und beim musikalischen Gehör scheint indes die rechte Hirnhälfte der linken überlegen zu sein.

So waren Musiker oder Bildhauer, die nach schwerer Krankheit die Fähigkeit der mündlichen Kommunikation eingebüßt hatten, dennoch in der Lage, zu komponieren und hervorragende Gemälde oder Skulpturen zu schaffen.

Legt man Split-Brain-Patienten ein zusammengesetztes Porträtfoto vor, rekonstruieren sie, in jeder Hirnhälfte separat, das jeweilige Ausgangsbild (Abb. 31). Dieser Versuch ist auch deshalb interessant, weil er auf ein offenbar eng mit der Hirnentwicklung in Zusammenhang stehendes Phänomen, die Asymmetrie unseres Gesichts, verweist. Denn wenn wir aus den im Folgenden kurz aufgeführten Gründen von der Annahme ausgehen, dass Funktionen, die wir als rational bezeichnen, ihren Sitz vorzugsweise in der linken und intuitive Funktionen ihren Sitz vorzugsweise in der rechten Hirnhälfte haben, verdienen vorsichtig formulierte Hypothesen, die die mehr oder weniger ausgeprägten Rechts-Links-Asymmetrien des Gesichts mit dieser Differenzierung in Verbindung bringen, zumindest eine sachliche Überprüfung. (Obwohl Frauen meist ebenmäßigere Züge besitzen als Männer, sind sie sich oftmals sehr genau darüber im Klaren, dass ihr Gesicht von einer Seite – meist der linken – vorteilhafter wirkt als von der anderen. Auch bei Passfotos wird in der Regel das linke Halbprofil aufgenommen.)

Auf die Verschränkung der Motorik und Sinnesorgane mit der jeweils entgegengesetzten Zerebral-Hemisphäre, den Umstand also, dass Hand, Arm, Fuß, Bein, ja sogar das Auge der rechten Seite von der linken Hirnhälfte aus gesteuert werden und umgekehrt, ist bereits an anderer Stelle verwiesen worden. Insgesamt gesehen ergibt sich also ein Bild wie in Abb. 32.

Verletzungen der rechten Hemisphäre führen häufig zu emotional indifferentem Verhalten oder überschwänglichen Seelenzuständen, Schädigungen der linken Hemisphäre indes zu schweren Depressionen. (Diese unterschiedlichen Gemütsbewegungen werden allerdings bald von der jeweils gesunden Hirnhälfte kompensiert.)

R. Ornstein und D. Galin betonten, dass die rechte Hirnhälfte eines Menschen, der eine Kopfrechenaufgabe löst, im EEG Alpha-Rhythmen zeigt – Signale, die auf »Leerlauf« hindeuten. Andererseits sind Patienten mit rechtsseitigen Hirnschädigungen stark in

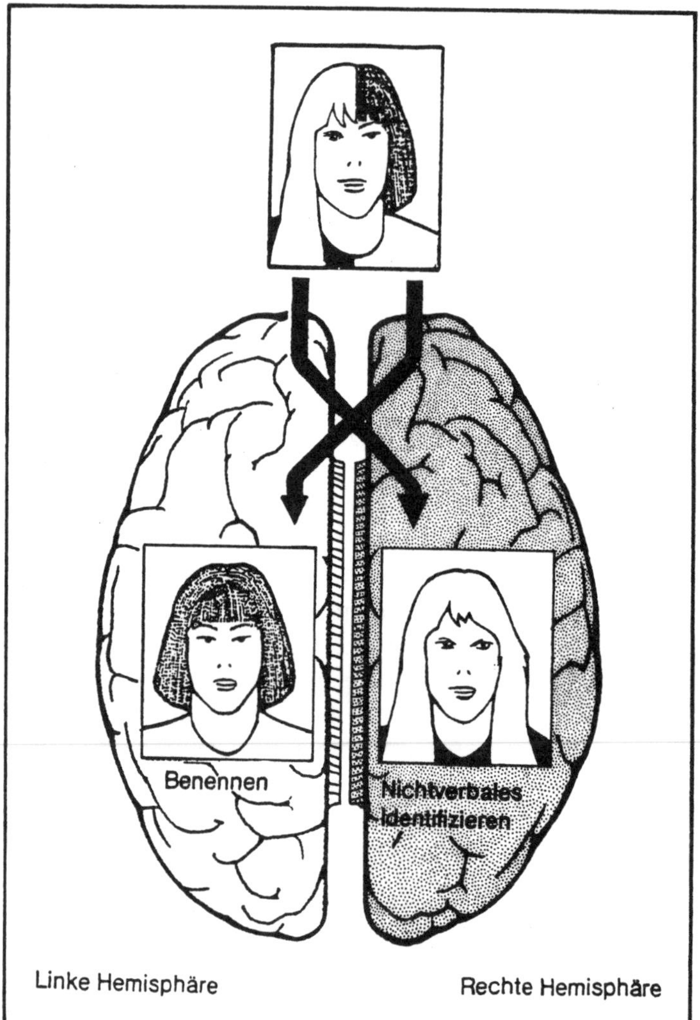

Abb. 31. Getrennte Rekonstruktion einer Ausgangsvorlage durch einen Split-Brain-Patienten: jede Hirnhälfte ergänzt die angebotene Gesichtshälfte zu einem kompletten Porträt, von dem die andere Hirnhälfte nichts weiß. Die Identifikation des linken Porträts erfolgt verbal, die des rechten nichtverbal. (nach Sperry)

der Fähigkeit beeinträchtigt, Musikstücke zu erinnern und Melodien wiederzuerkennen. Auf einen identischen Zusammenhang wies auch C. Sagan hin: »Von Marihuana wird oft behauptet, es verbessere unser Verständnis für und unsere Fähigkeiten zu Musik, Tanz, Kunst, Muster- und Zeichenerkennung und unsere Sensibilität für nichtverbale Kommunikation. Soviel ich weiß, ist von Marihuana nie gesagt worden, es erhöhe unsere Fähigkeit, Ludwig Wittgenstein oder Immanuel Kant zu lesen und zu verstehen; oder die Tragfähigkeit von Brücken zu berechnen; oder Laplace-Transformationen zu berechnen. Oft hat die Versuchsperson sogar Mühe, ihre Gedanken zusammenhängend niederzuschreiben. Ich frage mich, ob nicht Cannabinol (der Wirkstoff in Marihuana) nur die linke Hemisphäre blockiert und den Sternen gestattet, sich zu zeigen. Dies ist vielleicht auch das Ziel der meditativen Zustände vieler östlicher Religionen.«

Die amerikanische Forscherin J. Brothers, die sich eingehend mit Frauenpsychologie befasst, machte auf geschlechtsspezifische Differenzierungen in der Hirntätigkeit aufmerksam. So entwickelt sich die linke Hirnhälfte, die Sprache und Lesen steuert und Informationen in logischer Reihenfolge verarbeitet, bei Frauen eher als beim Mann. Demzufolge können Mädchen im Allgemeinen auch früher und besser lesen und schreiben als Jungen. Letztere wiederum sind den Mädchen durch ihre frühzeitig ausgebildete rechte Hirnhälfte im räumlichen Denken überlegen, sie haben mehr Verständnis für technische Dinge und verlaufen sich nicht so leicht. Im Erwachsenenalter ist beim Mann eine Spezialisierung beider Hirnhälften zu beobachten. Nebeneinander arbeitend befähigen sie ihn beispielsweise, eine Schaukel zusammenzusetzen und dabei gleichzeitig über den Ablauf des bevorstehenden Kindergeburtstages zu reden. Frauen hingegen profitieren von dem besseren Zusammenspiel ihrer beiden Hirnhälften. Das verhilft ihnen in der Regel zu größerer Menschenkenntnis und lässt sie besser emotionale Nuancen in der Rede ihres Gegenübers aufspüren. Auch wenn die Gefäße der linken Hirnhälfte durch einen Schlaganfall zerstört werden, haben Frauen durch ihre übergreifende Denkstruktur bessere Chancen, das Sprechen, Lesen und Schreiben wiederzuerlernen als Männer.

N. N. Bragina und T. A. Dobrochotowa weisen in ihren Untersuchungen nach, dass bei der rechtshändigen Mehrheit der Menschen eine gewisse räumlich-zeitliche Arbeitsteilung der Hirnhälften wirksam wird, und zwar, grob gesagt, eine Art Verknüpfung der rechten Hemisphäre mit der vergangenen und der linken Hemisphäre mit der künftigen Zeit. Im Einzelnen unterscheiden die beiden Wissenschaftlerinnen motorische, sensorische und psychische Asymmetrien. Ihre weitgefächerten Kasuistikschilderungen und Literaturstudien seien hier zu einem vereinfachten Schema zusammengefasst. Es gibt ihre Meinung zu den Effekten teilweise reversibler Schädigungen adäquater Hirnregionen in der linken bzw. rechten Hemisphäre, bei voller Funktion der kommunizierenden Fasern, wieder. Die neu ausgebildeten Qualitäten sind also Effekte der jeweils anderen gesunden Hirnhälfte:

Störung der linken Hemisphäre	Störung der rechten Hemisphäre
– Sprache, wenn nicht schwer gestört, stark emotional gefärbt	– Sprache wird ausdrucksärmer, emotion. Züge verschwinden
– andere Personen werden als Helfer oder als Bedrohung gesehen	– andere Personen werden als »Automatenwesen« gesehen,
– starkes Misstrauen, Unsicherheit	– Gleichgültigkeit,
– »Ich«-Empfinden wird stärker	– »Ich«-Empfinden verschwindet
– Überreaktion auf die Krankheit (als sehr schwer empfunden)	– kaum Reaktion auf die Krankheit
– langsame Rückkehr der Orientierung (erst Raum, dann Zeit)	– schnelle Rückkehr der Orientierung (erst Zeit, dann Raum)
– Raum und Zeit scheinbar verstärkt	– Raum und Zeit »abgeschwächt«
– rechte Körperhälfte voll beweglich	– linke Körperseite »taub«
– vorrangig psychomotorisch geprägte Vorstellungen,	– vorrangig psychosensorisch geprägte Vorstellungen,
– oft zukunftsbezogen	– oft vergangenheitsbezogen

Typisch für die Schädigungen der rechten Temporalregion ist offenbar eine Störung des Zeitverlaufempfindens. Die Zeit scheint stillzustehen oder läuft rascher, mitunter wird ein Ereignis als Kette endloser Wiederholungen empfunden. Der Raum erscheint als »Déjà vu« oder »nie gesehen«, zuweilen fühlt sich der Patient in eine zweidimensionale Fläche versetzt. Ist hingegen die vordere linke

Region verletzt, tritt die Erinnerung auf merkwürdige Weise zurück und weicht einem stark zweck- und zukunftsbezogenen Denken. M. Guiot definierte Zukunft als die Gesamtheit der Möglichkeiten, unsere aktuellen Bedürfnisse zu befriedigen. Er führt das Bild eines hungrigen Kindes an, das die Hände zu seiner Ernährerin streckt und formulierte abschließend: »Die Zukunft ist nicht etwas, das zu uns kommt, sondern etwas, zu dem wir gelangen«. Insofern ist der Begriff des Psychomotorischen als Gegensatz zum Psychosensorischen, dem reinen Registrieren, Werten und »Einfrieren« der Wahrnehmung, zu verstehen.

Ein deutlicher Unterschied zwischen Mensch und Tier liegt bekanntlich darin, dass der Mensch aus der Gegenwart auf eine voraussichtliche Situation schließen kann. Stellen wir uns nur einen seekranken Cockerspaniel vor, der sich auf seiner ersten Überfahrt in absolut trostloser Weise »hundeelend« fühlen muss, da er (im Gegensatz zu seinem gleichfalls an die Reling geklammerten Herren) die Ankunftszeit der Fähre nicht kennt, seine Situation also nicht durch die Aussicht auf ein baldiges Ende der Qualen gemildert wird. Aber auch seinem Herren erscheint diese eine Stunde deutlich länger als beispielsweise die 90 Minuten eines früher gesehenen spannenden Kriminalfilms. Dem Erwachsenen ermöglicht ein Blick zur Uhr, die aktuelle Wahrnehmung zu relativieren. Ein Kind jedoch wird, ähnlich unserem Hund, allein den Zeiteindruck speichern, seine subjektive Zeit. Sehen wir als Erwachsener nach dem alten Grundschulgebäude, welches wir seit der Kindheit nicht mehr betreten haben und steigen seine morschen Treppen empor, erscheinen uns seine einst weitläufig anmutenden Klassenzimmer zu winzigen Dimensionen geschrumpft und die ehemals endlosen Korridore überraschend kurz. Der subjektive Raum der Schulzeit wird durch das Raumempfinden des Erwachsenen korrigiert. Dass auch der neue Eindruck nur subjektiv ist, wird uns spätestens dann bewusst, wenn wir einen Unfall erleiden und unsere Umwelt vorübergehend nur noch aus der Sicht eines Rollstuhlfahrers sehen. Der Mensch ordnet also die jeweils aktuelle Zeit- und Raumvorstellung in seinen subjektiven Erfahrungsschatz früherer konkreter Zeiten und Räume ein und bewertet sie assoziativ. Und zwar käme dabei, nach R. Sperry, der rechten Hirnhälfte die Aufgabe der Erfassung, der linken die des Vergleichs und dem Wechselspiel beider die reaktionsauslösende Wertung zu.

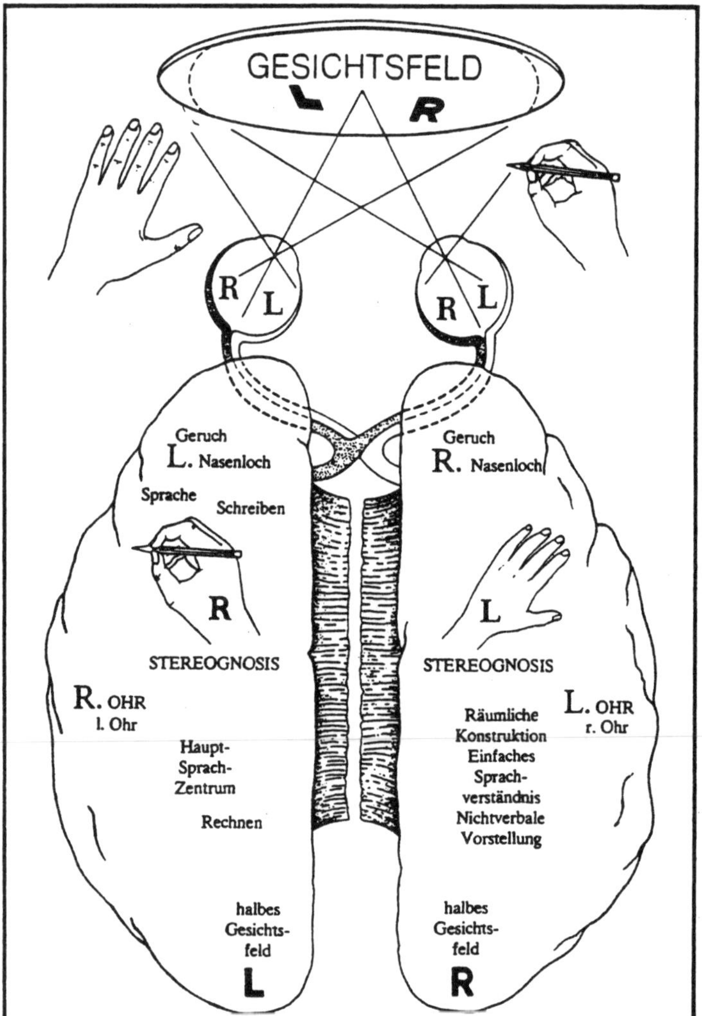

Abb. 32. Schematisierte Übersicht über die Funktionsteilung beider Hirnhälften (nach Sperry)

Doch auch die bevorzugte Zeitrichtung scheint sich im Laufe des Lebens zu verschieben: Das Kleinkind, dessen Erfahrungsschatz ja gering ist, denkt pragmatisch, wenig wertend und stark zukunftsbezogen. (Unter Zukunft sei in diesem Fall der Zeitraum der nächsten Minuten verstanden.) Dabei nutzt es, beispielsweise wenn es nach einem Ball fassen will, die linke Hirnhälfte und deren psychomotorische Prägung. Der Greis hingegen braucht, wenn er gedankenverloren nach einem Buch greift, diese tausendfach vollführte Geste nicht erst neu zu ersinnen. Er denkt retrospektiv, erinnert Wahrnehmungen wie Gerüche, Blattfärbungen, Landschaften, allerdings nur selten selbst ausgeführte Handlungen. (Und dann zumeist nur in blitzlichtartig erhellten Einzelbildern.) Dabei bedient er sich der rechten Hemisphäre. Eine Bestätigung dieser hier natürlich stark verknappt vorgestellten These deutet sich in der deutlichen Symmetrie beider Hirnhälften bei sehr kleinen Kindern und sehr alten Menschen an. Dazwischen liegt eine Phase, in der die linke Seite des Großhirns in der Regel schwerer und voluminöser ist als ihr Gegenstück, eben jene Phase, die der Mensch als Gegenwart empfindet, weil sie ihm sowohl Vergangenheit als auch Zukunft zu bieten vermag.

Sämtliche bisherigen Angaben gelten allerdings nur für Rechtshänder. Bei Linkshändern und Ambidextern (Personen, die mit beiden Händen gleich geschickt sind) gibt es offenbar je nach Grad der Ausprägung ihrer Händigkeit, teilweise aber auch völlig unbeeinflusst davon, nur sehr schwer vorhersehbare Effekte bei Hirnschädigungen. Die Funktionszentren sind bei ihnen in Lage und Größe häufig verschieden, und so kommt es auch zu eher individuellen Störungen. Eine der merkwürdigsten dürfte sein, dass Linkshänder (nach N. N. Bragina und T. A. Dobrochotowa) bei bestimmten Formen der Hirnschädigung – und zu einem geringen Teil auch als völlig Gesunde – über eine Art »zweites Gesicht« verfügen. Damit ist nicht etwa das Benennen der tatsächlichen Zukunft gemeint, sondern das deutliche Gefühl, erahnen zu können, was der Gesprächspartner sogleich sagen wird, Bruchteile vor dem überraschenden Sturz diesen vorherzusehen und so weiter. Dinge, die im Unterschied zu »Déjà vu« nicht mit erinnerbaren Situationen in Verbindung gebracht werden. (Es ist also anzunehmen, dass sich hier psychomotorische und psychosensorische Eindrücke entweder überlagern oder zeitlich vertauscht registriert werden.) Diese für den Betroffenen sicher unheimliche Störung wirkt vergleichbar mit der Gabe der weißen Königin aus »Alice hinter den Spiegeln«, die sowohl die Vergangenheit als auch die Zukunft zu erinnern vermag – mit dem Unterschied, dass sich die Herrscherin nicht nur in ihrem Empfinden, sondern auch in Wirklichkeit erst den Finger verbindet, bevor sie sich versehentlich an ihrer Brosche sticht. Auch das Phänomen des subjektiven Raumes und der subjektiven Zeit – man denke nur an Alices unablässiges Wachsen, Schrumpfen und die Uhr des verrückten Hutmachers, die statt der Stunden Tage anzeigt – wird in Lewis Carrolls Wunderland-Buch auf anschauliche Weise deutlich gemacht. Er selbst war ebenfalls Linkshänder, wurde auf die rechte Hand umerzogen und begann daraufhin stark zu stottern. Die Dronte Dodo, die er in seiner phantastischen Welt auftreten lässt, steht in wissender Ironie für ihn selbst – Mister Do-Do. (Bis zu Dodgson, so sein bürgerlicher Name, ist er offenbar selten gekommen ...)

Erste Laborexperimente und überraschende Entdeckungen

Nach dem mysteriösen Abbruch der Dokumentarfilmarbeiten konzentrierte ich mich erneut auf Literaturstudien, um der Lösung des Bewegungsrätsels auf die Spur zu kommen. Die übereinstimmenden Aussagen der im Film befragten Autoritäten gaben mir neuen Auftrieb. Das Phänomen selbst erschien als Asymmetrie und könnte folglich von untergeordneten Asymmetrien verursacht werden. Wo aber waren solche zu finden? Eine war mir von Physikvorlesungen her noch in Erinnerung. Alle uns umgebenden materiellen Körper, vom Luftmolekül bis zum Planetensystem, drehen sich. Selbst Elementarteilchen rotieren, bildlich gesprochen, wie ein Kreisel um die eigene Achse. Ihr Drehimpuls wird als Spin bezeichnet. Er kann negative oder positive, halb- oder ganzzahlige Werte annehmen und lässt sich exakt berechnen. Auch hatte ich bereits von den Versuchen der Frau Prof. Wu gehört, die den von T. D. Lee und C. N. Yang 1956 vorhergesagten Sturz der Parität im Bereich der schwachen Wechselwirkungen so glänzend bestätigten. Sollte zwischen dem asymmetrischen Verhalten der Elementarteilchen und dem Linksphänomen ein Zusammenhang bestehen? Der Versuch, Wissenschaftler im sowjetischen Kernforschungszentrum Dubna zu konsultieren, erschien jedenfalls lohnend. Durch Vermittlung von Herrn Goldmann, einem guten Bekannten von mir, erhielt ich einen Termin beim Generalsekretär der Akademie der Wissenschaften, Herrn Prof. Grothe. Herr Goldmann nahm gleichfalls am Gespräch teil. Prof. Grothe hörte sich meine Überlegungen aufmerksam an und versprach, einen Besuch in Dubna zu ermöglichen. Ich übersandte ihm eine amerikanische Publikation über Versuche mit polarisierten Elektronen, um die er mich dringend gebeten hatte und harrte der Dinge. Mehrere Wochen später erschien Herr Goldmann im Labor unseres Instituts und teilte bekümmert mit, dass Prof. Grothe sich leider außerstande sähe, sein Versprechen einzulösen. Es habe dienstliche Unstimmigkeiten zwischen ihm und dem Vertreter aus Dubna gegeben. Herrn Goldmann gegenüber zog ich diese Gründe in Zweifel. Er wich meinem Blick aus und murmelte nach anfänglichem Zögern: »Versteh doch, die wollen selber berühmt werden ...«

Ich bedauerte letztlich nur, dass ich keine Gelegenheit zu dem mir so wichtigen Gedankenaustausch erhalten hatte und zog mich erneut in die Laborgefilde zurück. Die Neugier blieb, und auch die Diskussionen im Kollegenkreis wurden fortgesetzt. In die Gespräche mit regelmäßig hinzugezogenen Fachleuten anderer Disziplinen mischte sich jedoch fortan die Ungewissheit, ob der entsprechende Experte tatsächlich nicht in der Lage oder lediglich nicht gewillt war, auf unsere Problemstellung eine klare und eindeutige Antwort zu geben. Hinzu kam, dass mir meine eigenen naturwissenschaftlichen Schwächen, insbesondere in höherer Mathematik und Physik, durchaus bewusst waren. Zu allem Überfluss war die Mehrheit der von mir angestellten Beobachtungen mit einer geringen Individuenzahl durchgeführt worden. Sie mussten mithin nicht unbedingt typisch sein. (So stehen F.O. Guldbergs spärliche Fallstudien der ausgedehnt kreisförmigen Bewegungen von Menschen unter stark eingeschränkten Sichtverhältnissen, die eine eindeutige Bevorzugung der Rechtsbewegung belegen, im krassen Widerspruch zu der von moderneren Physiologen als Regel postulierten Linksabweichung von Rechtshändern in unbekanntem Gelände. Nur hatte Guldberg seine Gruppen von drei bis vier Personen erst im Nachhinein erfasst und dabei völlig unberücksichtigt gelassen, ob sich darunter Rechts- bzw. Linkshänder, besser Rechts- bzw. Linksbeiner, befanden und in welchem Maße, ob als ortskundiger Führer oder als Geleitperson, diese an der Gesamtbewegung beteiligt waren.)

All das machte die Sache nicht gerade einfacher, und so suchten wir nach einem eindeutigen Experiment, das subjektive Faktoren weitgehend ausschloss und auch die Skeptiker zu überzeugen vermochte. Ich hatte mich allmählich zu der im-

Absender:

❐ Frau ❐ Herr

____

____

____

E-Mail: ____________________

Alter: ____________________

Beruf: ____________________

Selbstverständlich behandeln wir alle Ihre Angaben vertraulich und nutzen sie ausschließlich für unsere interne Statistik.

12/08

Bitte ausreichend frankieren

Ch. Links Verlag
Schönhauser Allee 36
KulturBrauerei/Haus S

D-10435 Berlin

posanten Idee verstiegen, belebte Materie von oben mit links- bzw. rechtsgedrehter Strahlung zu beschießen, um anschließend nach sichtbaren Reaktionen zu fahnden. Mechanistisch stellte ich mir das wie ein am oberen Ende gedrehtes Seil vor, welches je nach Drehrichtung entweder eine links- oder eine rechtsgedrehte Spirale bilden würde.

Doch wie sollten wir diese Strahlung erzeugen, kontrollieren, filtern? Schließlich sollten sowohl die natürlichen Kraftfelder als auch der Lichteinfall, die Luft sowie zahlreiche andere Faktoren unverändert erhalten bleiben. Mehr oder weniger zufällig sprach ich darüber mit Dr. Ritschel, einem Ingenieur aus dem benachbarten Rechenzentrum. Dieser machte nun einen ebenso simplen wie genialen Vorschlag, der unsere ganze weitere Arbeit maßgeblich beeinflussen sollte. Er meinte: »Warum wollen Sie unbedingt am oberen Ende des Seils drehen, drehen Sie doch am unteren«! – und erläuterte sogleich, was er damit sagen wollte. Im Falle der eingangs beschriebenen Beobachtungen an Mensch und Tier hatte sich das jeweilige Objekt freiwillig und aktiv, also selbsttätig, bewegt und für eine Richtung entschieden. Wir konnten aber auch lebende Systeme auf gegenläufig rotierende Scheiben setzen und so gewissermaßen Karussell fahren lassen, das heißt sie aktiv bewegen und anschließend ihre Reaktionen messen. Von da ab wurde Dr. Ritschel ständiger Mitarbeiter unseres Teams.

Als Erstes einigten wir uns über die Drehgeschwindigkeiten. Wir wollten sie so wählen, dass Fliehkräfte weitgehend ausgeschlossen waren. Danach machten wir uns auf die Suche nach geeigneter Technik. Der Verkäufer des Plattenspielergeschäfts, das wir zu diesem Zweck betraten, behandelte uns außerordentlich zuvorkommend, wurde aber, als er sah, dass er selbst mit den neusten Stereomodellen keinerlei Eindruck auf uns machen konnte, zunehmend melancholischer. (Wir hatten eine ungefähre Vorstellung von dem, was wir wollten und legten Wert auf starke, preiswerte Motoren in robuster Verarbeitung.) Nach halbstündigem ergebnislosem Handeln entsann sich der Ärmste noch einiger sperriger Ladenhüter, die seit gut zwei Jahrzehnten in den Kellerräumen lagerten. Er schleppte sie heran, unsere Augen begannen zu funkeln. Wir einigten uns mit dem kopfschüttelnden Verkäufer, der ganz offenbar die Welt nicht mehr verstand, über den Preis und zogen beglückt mit unseren Schätzen von dannen.

Im Institut montierten wir die Motoren an Getriebe, deren Achsen etwa mit einer Umdrehung pro Minute rotierten. Auf den Achsen wurden Scheiben befestigt, die das Untersuchungsgut aufnehmen konnten. Bei der Versuchsplanung musste auch entschieden werden, welches Kriterium wir berücksichtigen wollten, denn ein möglicher Unterschied zwischen den rechts- und linkslaufenden Tellern sollte ja objektiv messbar sein. Wir wählten das Pflanzenwachstum. Sodann füllten wir Erde derselben Sorte in drei Schalen, stellten eine auf den linken, die zweite auf den rechten Teller und ließen die dritte auf dem Tisch stehen. Dabei wurde streng darauf geachtet, dass alle anderen Faktoren wie Erschütterung und Lichteinfall unverändert blieben. In jede Schale brachten wir nun in gleicher Tiefe je zehn Bohnensamen ein, schalteten die Motoren an, und das Experiment begann. Das Geschehen wurde täglich kontrolliert und gemessen. Die Ergebnisse waren derart verblüffend, dass wir zunächst an einen Zufall dachten und uns erst allmählich entschließen konnten, unseren eigenen Beobachtungen Glauben zu schenken. Während nach drei Tagen noch kein großer Unterschied zu bemerken war, konnte man am siebenten Tag eine deutliche Differenz zwischen dem Wachstum auf der linken und der rechten Schale feststellen.

Die Sprosse in der linksgedrehten Schale hatten ein durchschnittliches Längenwachstum von 15 cm, die in der rechtsgedrehten Schale eines von 25 cm. Das mittlere Wachstum der Schale in Ruheposition betrug 11 cm. Wir wiederholten dieselben Versuche mit Radieschensamen und kamen zu einem ähnlichen Ergebnis, und zwar selbst dann, wenn wir die Samen in der Keimphase mit Aluminiumfolie abdeckten.

Nun konnte die Drehbewegung auf das Gesamtsystem Pflanze oder auf eines ihrer Elemente, zum Beispiel die Zellen, gewirkt haben. Es bestand aber auch die Möglichkeit, dass die Differenz nur durch unterschiedliche Einwirkung von Bodenbakterien zustande gekommen war. Um den Einfluss von Bodenbakterien auszuschließen, wiederholten wir die Keimversuche auf wassergetränktem Filterpapier. Die Resultate blieben die gleichen. Nunmehr stand die Frage, ob die isolierte Zelle auf unterschiedliche Drehung reagiert. Da wir über keine Pflanzenzellkulturen verfügten, führten wir die nächsten Experimente mit Säugetierzellen durch. Zur Verfügung standen uns Bouillonlösungen, wie sie in der Mikrobiologie zur Anzüchtung von Viren benutzt werden. So beimpften wir drei Flaschen zu je 100 ml Nährmedium mit menschlichen Aminozellen. Die Bebrütung erfolgte bei 33–37 Grad Celsius. Genau eine Woche später entnahmen wir die Zellen und prüften die Anzahl der Kerne. Die Kernteilung geht bekanntlich der Zellteilung voraus und ist mithin ein Wachstumskriterium. Wir zählten die Kerne in je zehn Präparaten pro Flasche aus, bildeten den Mittelwert und kamen bei der linksgedrehten Probe auf durchschnittlich 81 und bei der rechtsgedrehten Probe auf durchschnittlich 165 Kerne. Der Durchschnittswert der Ruheprobe lag bei 65 Kernen. Ebenso wie bei den Pflanzenversuchen war also ein deutlich schnelleres Wachstum auf der rechten Scheibe festzustellen.

Obwohl die Resultate unsere Erwartungen bei Weitem übertrafen, blieben sie für mich zunächst in einer Hinsicht unbefriedigend. Ich war ja davon ausgegangen, dass gerade die linksbetonte Bewegung dem Organismus »entgegenkommt«. Die Untersuchungsergebnisse hingegen belegten eine Wachstumsbeschleunigung durch Rechtsdrehung. Im Verlaufe weiterer Experimente gelangten wir zu der Hypothese, dass man, nach dem Prinzip Actio – Reactio, organische Substanzen offenbar durch die ihrer Chiralität (Händigkeit) entgegengesetzte Kreisbewegung zu stärkerem Wachstum anregen kann, die von Natur aus linksspiralig wachsenden Bohnenkeimlinge also durch Rechtsdrehung. Aus Gründen, über die noch zu sprechen sein wird, weisen selbst solche Substanzen wie Hefepilze oder menschliche Körperzellen ein geringes chirales Verhalten auf, das ausreicht, um sie durch Rechts- und Linksdrehung in ihrem Wachstum zu fördern bzw. zu hemmen.

Chiralität in der Pflanzenwelt

Keimlinge und junge Sprossteile zeichnen sich durch ungleichmäßiges Seitenwachstum aus. Diese Wachstumsschübe führen zu einer Krümmungs- oder Pendelbewegung der gesamten Pflanze. Die Spitze einer keimenden Küchenzwiebel kann dabei sogar den Boden berühren. Dieses Pendeln wird mitunter zur ausgeprägten Kreisbewegung, zur Drehung um die eigene Achse, so zum Beispiel bei jungen Kletterbohnen (Abb. 33). Ein Vergleich der Blattstellungen von Keimlingen mit denen vollständig entwickelter Pflanzen gibt Anlass zu der Vermutung, dass eine solche spiralige Entwicklung für die Mehrzahl der Pflanzen in unterschiedlichen Wachstumsphasen typisch ist. Häufig begegnet uns der Fall, dass sich die Blätter von zwei anfänglich übereinanderstehenden Blattreihen immer stärker und anscheinend völlig regellos durchmischen, um – wie die Zweige zahlloser Laubbäume – später erneut ein zweizeiliges Bild zu ergeben. Gründe dafür liegen wahrscheinlich im Streben nach maximaler Lichtausnutzung und einer größtmöglichen Stabilität des heranwachsenden Pflanzenkörpers.

Die eben erwähnte Durchmischung und scheinbare Regellosigkeit der Blattstellungen stellt sich bei näherer Betrachtung oft als überraschend schraubig heraus. Wenn man die Ansatzstellen der Blätter durch eine gedachte Linie verbindet, erhält man die sogenannte Grundschraube (Abb. 34, 35). (Selbst bei kreuzständigen Blättern liegt meist ein Blattpaar geringfügig über dem anderen, so dass sich zwei Verbindungslinien oder eine Doppelschraube ergeben.) Auch die sich entfaltenden Blütenblätter und Staubgefäße sind zumeist in einem bestimmten Richtungssinn angeordnet. Dabei spricht man von Linksdrehung, wenn der jeweils linke Rand eines Kronen- bzw. Kelchblattes den rechten Rand des links anschließenden überdeckt (Abb. 36). Im umgekehrten Fall haben

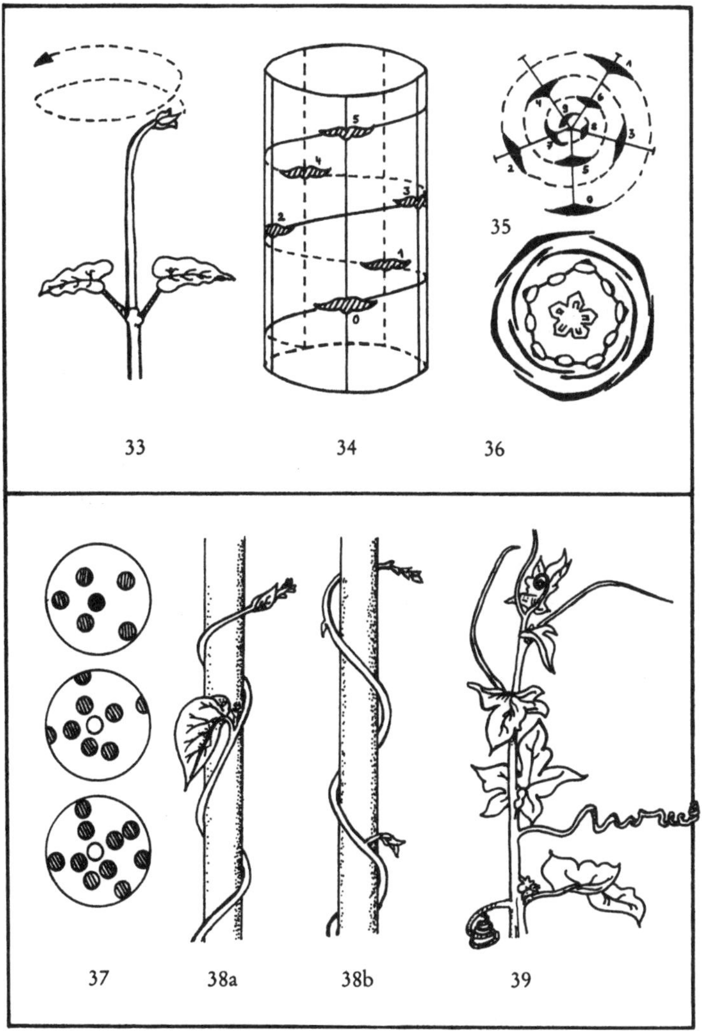

Abb. 33. Kreisende Wachstumsbewegung einer jungen Bohnenpflanze (Phaseolus multiflorus); 34. Schematisierte Darstellung einer schraubigen Blattstellung; 35. wie 34., in der Draufsicht (nach Dalitzsch); 36. Blütendiagramm vom Waldsauerklee (Oxalis acetosella pratense); 37. von oben nach unten: schraubiger Blattansatz einer zerstreut beblätterten Pflanze, nach Zerstörung der Sprossspitze rücken die neuen Blattanlagen näher an die Spitze heran; 38. a) Linkswinder b) Rechtswinder (nach Noll); 39. Rankengewächs (Bryonia dioica) (nach Schuhmacher)

wir es mit Rechtsdrehung zu tun. (Bei Grenzfällen, zum Beispiel vier Blütenblätter zyklisch, das fünfte außenliegend, wird von der Richtungstendenz ausgegangen.) Adäquate Untersuchungen lassen sich auch an Fruchtständen wie Ananas, Sonnenblume, Kiefernzapfen und ähnlichem durchführen. Nach den überaus spärlichen vorliegenden Ergebnissen scheint sich die Drehrichtung der Grund- bzw. Blütenspirale einer Pflanze eher zufällig, mitunter sogar unbeeinflusst von der des jeweiligen Elternpaares zu ergeben (Y. Imai). Eine Bevorzugung von Rechts bzw. Links konnte, jedenfalls bislang, in den meist sehr sporadischen Studien kaum nachgewiesen werden. Aber auch hier bestätigen Ausnahmen die Regel. So stellte schon Compton bei seinen Untersuchungen der Rechts- bzw. Linksfaltigkeit von 12 401 Gerstenkeimlingen ein Überwiegen der linksgefalteten Individuen im Verhältnis von etwa 3 : 2 fest, das sich auch in den Folgegenerationen und zwar unabhängig vom jeweiligen Elternpaar, wiederholte.

Die bislang über die Entstehung der Grundschraube gewonnenen Erkenntnisse besagen, dass jede in Entwicklung befindliche Blattanlage die gleichzeitige Ausbildung weiterer Blattanlagen in ihrer Nachbarschaft behindert. Das stärkste derartige Störfeld geht von der Sprossspitze selbst aus. Wird diese zerstört, rücken die anderen Blattanlagen weiter an die Spitze vor und insgesamt näher zusammen (Abb. 37). Die genauen Wechselwirkungen dieser merkwürdigen Wachstumsfelder sind noch weitgehend ungeklärt. Geht man jedoch von kreisrunden, genauer kugelförmigen Entwicklungsfeldern der Blattansätze aus, wird die Windungsrichtung der späteren Grundschraube vom zweiten Ansatz an vorgegeben. P. Richter und R. Schranner wiesen 1978 mit eingehenden Berechnungen nach, dass die Anordnung der Blattanlagen sich in Abhängigkeit von Umfang und Dauer dieser Störfelder nach dem Goldenen Schnitt ergibt. Für die ausschlaggebende Abweichung, also die zwischen dem ersten und zweiten Blattansatz, wurde bislang der Zufall, weniger in Gestalt von Erbanlagen als vielmehr in Form äußerer Faktoren, verantwortlich gemacht. So darf man durchaus gespannt sein, was hier zahlenmäßig repräsentative Untersuchungen an Pflanzenkeimlingen in Ruhe und Bewegung ergeben werden. Versuche, die in diese Richtung deuteten, wurden bereits in den 70er Jahren in Neuseeland durchgeführt. Dabei knüpfte man an L. Pasteurs Experimente mit der Auswirkung von gespiegeltem Sonnenlicht auf Keimlinge an und bewegte Topfpflanzen so, dass sie sich einmal mit und einmal gegen die scheinbare Bahn der Sonne drehten. Allerdings wurden die Pflanzen dabei nur über einen Zeitraum von 24 Stunden beobachtet. Die Resultate – gegen die Sonnenbahn gedrehte Pflanzen ließen ihre Blätter hängen – waren zwar überraschend, aber vergleichsweise bescheiden.

Auch bei Bäumen ist ein artspezifisch gerichteter Drehwuchs, der sich mitunter selbst in der Rindenstruktur abzeichnet, seit langem bekannt und wird von der holzverarbeitenden Industrie unter anderem bei den Lagerzeiten der Stämme berücksichtigt, um einem späteren Verwerfen der Balken vorzubeugen. Einen ausgeprägten Drehwuchs besitzen Kiefern und Fichten, aber auch Eberesche und Kastanie. Bei Birken und Pyramidenpappeln hingegen ist er nur sehr schwach wahrzunehmen. Diese Wuchsform ist weit verbreitet (Braun wies ihn an 111 von 167 Holzarten nach) und entsteht durch eine einseitige Verschiebung der neu gebildeten langen, spitzen Holzfasern. Die Drehrichtung selbst scheint auch von Alter und Vorkommen der Bäume bestimmt zu werden. So weisen die Lebensbäume und ihre Verwandten alle eine Linksdrehung, die Tannengewächse hingegen anfänglich eine Rechtsdrehung auf, die sich allerdings in späteren Lebensjahren legt. Mitunter wechselt die Drehrichtung, wie bei der Kastanie, sogar am selben Stamm. Da der Drehwuchs besonders an einzelstehenden, stark dem Wind ausgesetzten Bäumen zu beobachten ist, wird angenommen, dass er entweder durch die bevorzugte Windrichtung direkt hervorgerufen wird oder aber ihr entgegenwirken soll, um dem Baum eine höhere Stabilität zu verleihen.

Die wohl eindrucksvollste Form einer Rechts- bzw. Linksbewegung im Pflanzenreich begegnet uns bei den Windepflanzen. Die innige Umschlingung zweier gegenläufig gewundener Pflanzen, der Ackerwinde und des Geißblatts, inspirierte Shakespeare in »Ein Sommernachtstraum« zu dem leidenschaftlichen Vers der Titania

> »Schlaf – und ich will dich mit meinen Armen umfangen –
> wie die Winde das süße Geißblatt umschlingt ...«

Die Wachstumsbewegungen der Winden gehen, ähnlich wie die Krümmungen der Keimpflanzen und junger Sprossteile auf ein unterschiedlich ausgeprägtes Außenwachstum zurück. Allerdings erfolgen die Wachstumsschübe hier nicht abwechselnd und beidseitig, sondern nur auf einer Seite, das Pendeln wird zu einer langsamen Kreisbewegung, deren Durchmesser beträchtlich sein kann, beim Hopfen beispielsweise bis zu 50 cm. Bei der überwiegenden Mehrheit der Windepflanzen kreist die Sprossspitze, von oben gesehen, entgegen dem Uhrzeigersinn – so erhielten sie die Bezeichnung Linkswinder (Abb. 38a).

Nur wenige Pflanzen, zum Beispiel Geißblatt und Hopfen, sind Rechtswinder (Abb. 38b). Bei einigen Arten, zum Beispiel dem Windenknöterich, kann die Drehrichtung wechseln, zuweilen geschieht dies sogar, wie bei einigen Lilienarten (Bowiea), an derselben Sprossachse. Des Weiteren neigen Schlingpflanzen dazu, auch ihren Stengelquerschnitt in die Windungsrichtung zu verdrehen, zuweilen verdrillen sich mehrere Stränge ineinander. Das Geißblatt neigt zur Ausbildung doppelter, die Trompetenblume gar dreifacher Stränge, die in sich rechts- bzw. linksgewunden sind. Da Windepflanzen besonders reich an einer bestimmten Wuchsstoffgruppe, den Giberellinen, sind, wurden diese bald mit der Kreisbewegung der Sprosse in Verbindung gebracht, und tatsächlich gelang es, auch nichtwindende Spezies durch Giberelline zum Winden zu bringen. Der Einfluss dieser Wuchsstoffe ist derart stark, dass Schlingpflanzen, die sich um einen Stab gewunden haben und zu mehreren Umgängen in die entgegengesetzte Richtung aufgewickelt werden, manchmal über Nacht in ihren Ausgangszustand zurückkehren. (Nebenbei bemerkt enthalten die windenden Teile einen hohen Anteil Flavone, ein in Rankengewächsen vorhandenes Glycosid. Auch Ranken vollführen bekanntlich selbsttätige Bewegungen, die zum mehrfachen Umwickeln einer ergriffenen Stütze führen. Um Torsionen zu vermeiden, wechseln dabei links- und rechtsgängige Windungen einander ab. Findet sich kein solcher Halt, kommt es zur sogenannten Alterseinrollung; Abb. 39.)

Die Windegewächse weisen jedoch nicht nur die auffälligsten Rechts-Links-Asymmetrien im Pflanzenreich auf, sie sind auch eine ansonsten recht geheimnisvolle Pflanzengruppe. Durch ihre seltene Leitbündelausbildung stehen sie den Nachtschattengewächsen nahe, mit denen sie auch chemisch einiges verbindet. Sie sondern ein Sekret komplexer zuckerhaltiger Verbindungen, sogenannter Glykoretine, ab, die ausschließlich bei den Windegewächsen vorkommen. Weiterhin weisen sie als einzige höhere Pflanzenfamilie Derivate der Lysergsäure (Mutterkornalkaloide) auf, Verbindungen, die strukturell dem LSD nahe stehen und wie dieses von stark halluzinogener Wirkung sind. So verwandten die Azteken Ololiuqui, eine Droge aus einer mittel- und südamerikanischen Liane (Rivea corymbosa), um sich bei ihren rituellen Tänzen in Trancezustände zu versetzen und Krankheiten zu heilen. Dieses Rauschmittel genoss bei ihnen noch größere Wertschätzung als das Meskalin des bekannten Peyotl-Kaktus. Ähnliche Anwendung fand und findet bis heute eine Prunkwindenart (Ipomoea violacea). In den USA setzte nach Bekanntwerden der botanischen Zugehörigkeit dieser Drogenpflanzen ein schwungvoller Handel mit Zierwinden-Samen ein, deren Missbrauch zu schweren gesundheitlichen Schädigungen und mehreren Todesfällen führte. (Aus einigen dem Peyotl-Kaktus nahe verwandten mexikanischen Kakteenarten wird übrigens auch die in der Natur überaus seltene L-Glucose – also ein linksdrehender Zucker! – gewonnen.)

Geheimnisvolle Eingriffe

Wir schlossen unsere Pflanzenversuche vorläufig ab und überlegten, wie wir die gewonnenen Resultate nutzbar machen könnten. Herr Dr. Ritschel schlug vor, zum Patentamt zu gehen. Allerdings hatte ich keine blasse Ahnung, wie so ein Patentverfahren eingeleitet werden müsste. Unser Klinikum besaß ein Büro für Neuererwesen, eine jener zahlreichen Institutionen, die mit dem löblichen Ziel der Erleichterung und Rationalisierung von Produktionsprozessen gegründet worden waren und sich später oftmals zu einer zusätzlichen Plage bei der täglichen Arbeit verselbständigt hatten. Ich hatte allerdings mehr gute als schlechte Erfahrungen mit unserem Neuererbüro gemacht und wandte mich daher an den dort angestellten Patentingenieur, Herrn Zühlsdorf. Nach seiner Anweisung formulierte ich zunächst einen vorschriftsmäßigen Antrag für ein »Verfahren zur Beeinflussung räumlich orientierter Materiebausteine«. Danach recherchierte er für uns im Patentamt, ob es bereits etwas Ähnliches in den Akten gäbe. Da Dr. Ritschel bereits über Patenterfahrungen verfügte, war ich damit einverstanden, dass er parallel zu meinen eigenen Bemühungen auf schnellstem Wege direkt beim Patentamt ein Verfahren erwirkte. Der von ihm erarbeitete Antrag wurde am 15. Dezember 1977 persönlich eingereicht und schriftlich vom Amt quittiert. Danach trat zunächst einmal Stille ein. Vier Wochen später, am 19. Januar, wir waren im Institut gerade mit Laborarbeiten beschäftigt, suchte uns die Chefsekretärin auf, um mitzuteilen, dass uns zwei Herren zu sprechen wünschten. Ins Zimmer gebeten, stellten sie sich als Mitarbeiter des Patentamtes vor, zeigten ihre Klappausweise und nannten ihre Namen – Pobel und Theisen. Der Ältere von ihnen zog diese

Patentanmeldung aus der Aktentasche und erkundigte sich, wer alles von diesem Dokument Kenntnis hätte. Das waren Dr. Ritschel und sein Vorgesetzter Dr. Retter, die Labormedizinerin Frau Beltzner, unsere Laborantin Frau Zschieschang und ich. Daraufhin bat Herr Pobel um eine Schreibmaschine, spannte einen Bogen mit mehreren Durchschlägen ein und tippte folgenden kurzen Text:

> »Anknüpfend an die entsprechende Patentmeldung über die Problematik der Rechts-Links-Beziehungen wurde im Beisein von ChA Dr. Wachtel, Dr. Ritschel, Dipl. Med. Beltzner, Dipl. Chem. Pobel und Dr. Theisen gesprochen. Die Teilnehmer verpflichten sich, die erhaltenen Informationen vertraulich zu behandeln.
>
> Der informierte Personenkreis wurde darauf hingewiesen, dass mit sofortiger Wirkung jegliche Informationen schriftlicher und mündlicher Art über den Erfindungsgegenstand an Dritte bis auf Widerruf unterbleiben.
>
> Zu allen Fragen ist die Hauptabteilung I des Amtes für Erfindungs- und Patentwesen der DDR, 108 Berlin, Mohrenstraße 37 b, Tel.: 227 47 73 zu konsultieren.«

Wir wurden nachdrücklich aufgefordert, zu unterschreiben. Anschließend bekam jeder einen Durchschlag ausgehändigt. Als wir nach unseren Protokollen gefragt wurden, bemerkte ich beiläufig, dass wir die Ergebnisse auch im Kopf hätten. Herr Pobel knurrte: »Wir haben auch Methoden, die wieder aus ihrem Kopf herauszubringen«, woraufhin er von seinem Partner Dr. Theisen scharf zurechtgewiesen wurde. Ohne weitere Erklärungen verabschiedeten sich beide Herren. Wir sahen uns eine Weile verblüfft an und beschlossen dann, der Sache nachzugehen.

Gleich am nächsten Tag riefen wir das Patentamt an. Es stellte sich heraus, dass unsere Besucher tatsächlich dort beschäftigt waren, nur konnten wir uns nach wie vor keinen Reim auf ihre seltsame Aktion machen. Deutlich war nur eines: Aus irgendwelchen völlig unerfindlichen Gründen wollte man unsere Experimente geheimhalten.

Noch mysteriöser wurde es, als ich wenig später auf offener Straße von einem Fremden angesprochen wurde. Der Mann stellte sich als Mitarbeiter der Staatssicherheit vor und fragte, ob er sich an einem der nächsten Tage kurz mit mir unterhalten könne. Das wollte ich ihm schon aus Neugier nicht verwehren. Er gab mir also eine Adresse im Stadtbezirk Prenzlauer Berg, und ich notierte das Datum und die Uhrzeit unserer Zusammenkunft. Nach dem unbegreiflichen Verhalten des Patentamtes erhoffte ich mir nun Aufklärung und fuhr am vorgesehenen Tag voller Spannung zum geplanten Treffpunkt. Als die Tür zur konspirativen Wohnung geöffnet wurde, sah ich mich, außer dem mir bereits bekannten Mann, noch einem weiteren gegenüber. Beide waren ausgesprochen höflich und kamen sehr bald auf den eigentlichen Zweck ihrer Einladung zu sprechen. Mein flüchtiger Bekannter – die Namen, unter denen er und sein Kollege sich vorgestellt hatten, klangen austauschbar – steuerte schnurstracks auf sein Ziel: »Herr Wachtel, wie kommt ihr Name zu Siemens?« Diese Frage vermochte ich ihm auch nicht zu beantworten, verwies aber darauf, dass Herr Heimlich und ich bei den Recherchen für unseren Dokumentarfilm zahlreiche Institute aufgesucht hätten und infolgedessen ein großer Personenkreis mit der Problematik vertraut sein müsste. Das Interesse des Sicherheitsmannes bezog sich jedoch vor allem auf unsere Patentanmeldung, über deren Inhalt er, allem Anschein nach, nur sehr oberflächlich informiert war. Wie er im Folgenden mitteilte, habe die Spionageabwehr Hinweise erhalten, dass sich der amerikanische Geheimdienst für unsere Untersuchungen interessiere. Sie, also die DDR-Sicherheitskräfte, wüssten noch nicht, was die CIA im Einzelnen plane, wollten mich jedoch vor möglichen Unannehmlichkeiten bewahren. Da ich nicht geschult wäre, einen gegnerischen Zuträger folglich kaum als solchen erkennen würde, wäre es für mich das Beste, wenn ich ihnen unverzüglich Meldung machte, sobald eine neue Person in meinem Gesichtskreis auftauche. Gegen diesen Vorschlag hatte ich im Grunde nichts einzuwenden. Doch meine verbale Zusage genügte ihnen wohl nicht. Die beiden Staatssicherheitsbeamten bestanden auf einer schriftlichen Bestätigung unserer Übereinkunft. Diese wurde mir diktiert. Sie enthielt einen Passus, dass bei Verletzung der Absprache eine Freiheitsstrafe drohe. Ich verabschiedete mich mit der Zusage, sie über »gelegentliche fremde Annäherungen« zu unterrichten. Der neu hinzugekommene zweite Mann erklärte, dass er Kontakt zu mir halten würde. So trafen wir uns in größeren Abständen, ohne dass sich etwas Neues ergab.

Kurz nach dieser Zusammenkunft erhielten Dr. Ritschel und ich einen Anruf von Herrn Zühlsdorf, meinem Patentbeauftragten des Neuererwesens, in dem dieser um eine rasche Rücksprache mit uns bat. Bei seinem Erscheinen machte er einen völlig aufgelösten Eindruck und stammelte: »Was haben Sie bloß angestellt? Was denken Sie, was bei mir los ist!« Seinem verworrenen Bericht nach waren zunächst bei ihm zu Hause und danach im Büro mehrere sportlich aussehende junge Männer aufgetaucht, hätten nach unserem Patent gesucht, dabei alles auf den Kopf gestellt und sämtliche Unterlagen, die mit dem Linksphänomen im Zusammenhang stehen konnten, mitgenommen. Trotz wiederholten Drängens war keinerlei Erklärung abgegeben worden.

Die Geschichte wurde zunehmend unheimlicher und fing an, uns zu beunruhigen. Wir holten uns einen Stapel Gesetzblätter aus der Rechtsabteilung und belasen uns im Patentrecht. Dabei stellten wir fest, dass es auch sogenannte Geheimpatente gab, die sich auf brisante Themen im Wirtschafts- oder Militärbereich bezogen. Hier vermuteten wir die Erklärung.

Nach einem erneuten Anruf beim Patentamt gewährte man uns schließlich einen Besuchstermin. Wir sollten uns beim Pförtner melden und nach Herrn Pobel von der Hauptabteilung I fragen. Wir fuhren also zur Mohrenstraße, meldeten uns wie vorgesehen an und ließen unsere Personalien aufnehmen. Herr Pobel wurde telefonisch von unserer Ankunft unterrichtet und erschien kurze Zeit später, um uns in Empfang zu nehmen. Er führte uns über einen engen Hinterhof in ein Seitengebäude. Schließlich standen wir vor einer verschlossenen Stahltür, neben der sich ein Nummerntastenfeld befand. Nachdem Herr Pobel für uns unsichtbar mehrere Knöpfe gedrückt hatte, sprang die Tür mit leisem Summen auf. Gemeinsam kamen wir in einen Korridor, an dessen Wänden große

Fotografien von Radargeräten, Schiffskanonen, Panzern und Flakgeschützen hingen. In einer Glasvitrine waren Wimpel, Ehrenmedaillen und Urkunden ausgestellt. Wir wurden in ein verdunkeltes Zimmer geleitet und nachdem Herr Pobel den uns gleichfalls schon bekannten Herrn Dr. Theisen hinzugeholt hatte, erkundigte man sich nach unseren Wünschen.

Wir sagten, dass wir ganz gern wissen würden, was es mit den gehäuften Seltsamkeiten der letzten Tage auf sich habe. Die Nutzung unserer Erkenntnisse hätten wir uns anders vorgestellt. Daraufhin erklärte man, dass unsere Patentanmeldung in der Tat mit einer hohen Geheimhaltungsstufe belegt worden sei. Leider wären sie aber nicht befugt, uns über diesen Fakt Hinausgehendes mitzuteilen. Wir beide, Dr. Ritschel und ich, seien fortan – auch im eigenen Interesse – verpflichtet, sämtliche Gedanken und neu auftauchenden Aspekte unserer Forschungsarbeit umgehend an die Hauptabteilung I des Patentamtes weiterzuleiten. Zunächst sollten wir noch einmal ausführlich darlegen, womit wir uns beschäftigt hatten, welche wissenschaftliche Bedeutung wir der Entdeckung beimaßen und welche praktischen Anwendungsmöglichkeiten wir sahen. Unsere Zuhörer machten sich eifrig Notizen und entließen uns mit den schon vertrauten Worten, wir hätten uns für neuerliche Zusammenkünfte zur Verfügung zu halten.

In den darauffolgenden Wochen hatten wir mehrfach beim Patentamt vorzusprechen und gaben alle unsere Gedanken zum Linksphänomen sukzessive zu Protokoll. Diese Treffen gestalteten sich zunehmend unerfreulicher, denn pro Sitzung sprang mindestens einer der beiden Herren ein- bis zweimal auf und schrie mit einem Blick auf seine Aufzeichnungen, dass wir das, was wir gerade retrospektiv erwähnten, vorher noch nie erzählt hätten und wahrscheinlich überhaupt permanent etwas verschweigen würden. Diese nervösen Ausbrüche wurden allmählich häufiger und mündeten schließlich in dem Ultimatum, dass wir entweder sofort alles, was wir zum Thema wüssten, freiwillig zu Papier brächten oder man Mittel und Wege finden würde, um mit weit weniger Feingefühl zum gleichen Ergebnis zu kommen. Dr. Ritschel und ich sahen uns erschrocken an und stellten übereinstimmend fest, dass wir uns unter diesen Umständen lieber für die erste der beiden Varianten entscheiden würden. Für die darauffolgende Woche wurden uns im Patentamt eine Sekretärin und ein separater Raum zur Verfügung gestellt, und wir begannen alles, was uns zum Linksphänomen in den Sinn kam, in mehr oder weniger geordneter Form zu diktieren. Uns war durchaus klar, dass dies höchstwahrscheinlich den Endpunkt unserer Arbeit bedeutete, da unsere Untersuchungsergebnisse nun auf Nimmerwiedersehen verschwinden würden. Zudem hatten wir bereits die Aufforderung erhalten, alle uns zur Verfügung stehenden Unterlagen (Versuchsergebnisse im Original) und Notizen zu hinterlegen.

In gleicher Weise, wie uns untersagt worden war, über das Thema zu sprechen oder zu schreiben, konnte uns ja auch bedeutet werden, sämtliche weiteren Untersuchungen einzustellen. Andererseits wollten wir von dem Thema nicht lassen und hatten bereits weitere Expertengespräche angebahnt. Es musste ein Ausweg gefunden werden. Bei unseren Studien im DDR-Patentrecht waren wir auf die Klausel gestoßen, dass wichtige naturwissenschaftliche Patente unter Wahrung der entsprechenden Gepflogenheiten als Ausgangspunkt für eine Promotion dienen bzw. mit einer solchen verbunden werden konnten. Das wiederum bedeutete zumindest beschränkte Öffentlichkeit, da im Zuge eines Promotionsverfahrens weitere Wissenschaftler in die Diskussion einbezogen werden müssten und ein Meinungsaustausch möglich wurde. Wir fragten also im Patentamt an, ob man mit einer derartigen Regelung einverstanden wäre. Herr Pobel und Herr Dr. Theisen hatten im Prinzip nichts dagegen, und so trug das von Dr. Ritschel und mir in wenigen Tagen verfertigte Elaborat den klangvollen Titel:

»Das Linksphänomen als Gesetzmäßigkeit
der Links-Rechts-Beziehungen in der Natur

vorgelegt
zur Erlangung der Promotion B
des Wissenschaftszweiges Biophysik
an der Akademie der Wissenschaften der DDR«

(Auf der zweiten Seite dankten wir unserer Laborantin Frau Zschieschang, Frau Beltzner, den Herren Retter, Krüger und Heimlich für ihre Zuarbeiten und Gedankenanstöße.) Als die Arbeit am 8. März 1978 fertiggestellt war, wurde sie mit Photos, Zeichnungen und Diagrammen komplettiert, bekam den Eingangsstempel des Sekretariats der Hauptabteilung I und eine Registriernummer des Patentamtes. Sämtliche Exemplare und Blaupapierbögen wurden von Herrn Pobel und Dr. Theisen eingesammelt und verblieben in der Abteilung. Wir durften nichts mitnehmen und gingen, wie wir gekommen waren.

Trotzdem war es uns gelungen, mit dem Patentamt eine Art Agreement zu treffen. Die Herren Pobel und Theisen sollten sich um die Bearbeitung unserer »Promotionsschrift« und um die Patentanmeldung kümmern und nach in Frage kommenden Anwendern suchen. Wir wollten uns dafür nach weiteren Nutzungsmöglichkeiten umsehen und versicherten, die Hauptabteilung I auf dem Laufenden zu halten.

Auf unserer Suche nach neuen Anwendungsmöglichkeiten gingen wir die vielfältigsten und ungewöhnlichsten Wege, von denen sich manche auch als Irrwege erwiesen. So glaubten wir zum Beispiel eine Zeitlang, durch die Drehung chemischer Lösungen Links- bzw. Rechtsformen optischer Isomere erzeugen oder doch zumindest konzentrieren zu können. (Uns war aufgefallen, dass mehrere Marienkäfer nur zu dem eingedickten Zucker der auf unserer Versuchsanlage linksherum gedrehten Lösung liefen.) So verwundert es nicht, dass bei den Gesprächen mit den vom Patentamt benannten Partnern mitunter keine Übereinstimmung erzielt wurde.

Als wir gerade dabei waren, unsere neuen Überlegungen und Ergebnisse zu systematisieren, wurde ich telefonisch erneut zu einem Gespräch mit der Staatssicherheit geladen. Es verlief im Großen und Ganzen belanglos, bis auf die Tatsache, dass ich aufgefordert wurde, zum nächsten Treffen eine handschriftliche Zusammenfassung über unser Thema anzufertigen, angeblich für einen wissenschaftsinteressierten Vorgesetzten. Da ich bereits vom Patentamt zur Geheimhaltung verpflichtet worden war, nahm ich diese Bitte nicht sonderlich ernst. Als sie jedoch beim nächsten Treffen wiederholt und noch dazu als ausgesprochen dringlich bezeichnet wurde, berichtete ich Dr. Ritschel davon. Er verwies mich auf ein Problem: Im Patentamt sollte ich auf eine entsprechende Frage erfahren, dass wir nicht einmal »dem Staatsratsvorsitzenden persönlich« über unser laufendes Patentverfahren berichten dürften. Was also tun? Von beiden Institutionen war mir bedeutet worden, über unsere Entdeckung Stillschweigen zu bewahren. Gab ich der Staatssicherheit die gewünschten Aufzeichnungen, konnte ich vom Patentamt belangt werden, gab ich sie nicht, war womöglich mit Repressalien zu rechnen. Außerdem wusste mein Kollege zu berichten, dass man missliebigen Forschern schon aus weit geringeren Gründen als der nachweisbaren Verletzung des Geheimnisschutzes einen prächtigen Strick gedreht hatte.

Wir gingen also an einem der nächsten Tage gemeinsam zum Patentamt. Dort berichtete ich Herrn Pobel von der Aufforderung seitens der Staatssicherheit und bat ihn, meine Kontaktpersonen überprüfen zu lassen. Dazu gab ich ihm Termin und Uhrzeit der nächsten geplanten Zusammenkunft. Herr Pobel rannte erregt hinaus und erschien erst nach Ablauf einer Stunde wieder im Zimmer. Er bedeutete mir mit knappem Kopfnicken, aber sichtlich verärgert, dass die Sache schon ihre Richtigkeit habe. Zufrieden verließen Dr. Ritschel und ich das Patentamt.

Mein nächstes Treffen mit der Staatssicherheit war dann auch das letzte. Wütend wurde mir seitens der beiden Geheimdienstler vorgehalten, dass ich im Patentamt ihre Identität angezweifelt hätte. Mein Argument, dass ich mich durch die von ihnen verlangte Niederschrift gegenüber der Hauptabteilung I strafbar gemacht hätte, mussten sie jedoch unwidersprochen hinnehmen. Von jenem Tage an wurde ich nie wieder zu derartigen Treffen geladen.

Das Rechts-Links-Verständnis in der Kulturgeschichte

Ausgehend von der als Norm erachteten Rechtshändigkeit des Menschen wird bis in die unmittelbare Gegenwart rechts zumeist als gut, geschickt und stark apostrophiert, während links als böse, linkisch (!) und schwach gilt. Selbst im naturwissenschaftlichen Sprachgebrauch verwendet man Termini wie lotrecht und rechter Winkel, Richtung und aufrechter Gang. Abstraktere Begriffe wie gerecht, Menschenrecht und Rechtsstaatlichkeit, richtig und aufrichtig sind allgegenwärtig.

Dies beschränkt sich bei Weitem nicht auf unsere Muttersprache. Im Russischen ist rechts (sprava) ebenso dem Recht (pravo) zur Seite gestellt wie im Französischen (à droite, le droit). Sowohl die deutsche als auch die französische Etymologie des Wortes gehen auf das lateinische directus zurück. Das französische Wort für Vorder- oder Oberseite (endroit), das sich ebenfalls von rechts ableitet, erinnert an entgegengesetzte deutsche Fügungen, für die wiederum links verwandt wird (zum Beispiel der links- also verkehrtherum angezogene Pullover). Mit links gebildete Negativwendungen (zum Beispiel »mit dem linken Bein aufstehen«) finden im Französischen in der gaucherie (von à gauche: links), für ein ungeschicktes, linkisches Benehmen, ihre Entsprechung. Adroit bedeutet im Französischen wie im Englischen geschickt.

Die deutsche Wendung »zwei linke Hände haben« treffen wir im englischen »left-handed compliment« für eine fragwürdige Schmeichelei wieder. Das altkeltische cearr taucht im lateinischen sinister (links) wieder auf und bezeichnet dort ebenso wie das abgeleitete italienische sinistro oder das französische sinistre, etwas Unglückliches, Düsteres, Unheilvolles. Im Spanischen findet sich zurdo für die linke Hand und a zurdas bedeutet »auf dem falschen Weg sein«. Im Italienischen bezeichnet mancino nicht nur den

Linkshänder, sondern auch den Langfinger. Bei den Fidschi-Insulanern bedeutet sema etwa das Gleiche wie das lima woat der Samoaner – die linke (töricht greifende) Hand.

Viele Begriffe anderer Völker, die links mit der verdeckten (Herz)-Seite gleichsetzen, lassen auch sprachlich auf eine gewisse Berechtigung der bereits erwähnten Waffentheorie schließen. So das hebräische schmol (verhüllt, links) und das kymrische asw, aswy (Schild, links), vor allem aber die griechischen Begriffe für die linke (Schild-) und die rechte (Schwert-) Seite (ep aspida und epi dory). Im alten Rom nahm laevus (links) je nachdem, ob sich die Augurenpriester griechischem Brauch gemäß nach Norden (zum Berg Ida, dem Sitz des Zeus) oder dem etruskischen Brauch folgend nach Süden wandten, sie die vom Osten hereinfliegenden Vogelzüge demzufolge zur Rechten oder zur Linken hatten, die Bedeutung von gut oder schlecht an. Auch das deutsche links rührt letztlich vom althochdeutschen lenka und dem altnordischen vinstri, der »günstigen Seite« für Opfer und Vogelflug her.

Die unterschiedliche Bewertung der rechten und linken Seite reicht offenbar sehr weit zurück, setzt ihrerseits aber eine bereits deutlich erkennbare Minorität von Linkshändern voraus. Die naturwissenschaftliche Seite dieser Entwicklung wurde bereits kurz berührt, hier soll es um den kulturgeschichtlichen Aspekt, die Mystifizierung und spätere Diskriminierung der linken Seite gehen.

Erste Rechts–Links-Unterscheidungen knüpfen im Grunde schon an die alte Vorstellung vom Urpaar an, die uns aus den Religionen vieler Völker vertraut ist. So verehrten die Ägypter das Götterpaar Isis und Osiris, die Inder Schiwa und Wischnu, und Platon schuf mit seiner unvergänglichen Metapher von der einstigen Kugelgestalt der Menschen, die getrennt wurden und nun als Mann und Frau ihre ehemalige Hälfte suchen, um den alten Zustand der Glückseligkeit wiederzuerlangen, einen der schönsten Liebesmythen der Weltliteratur. (Nebenbei bemerkt handelt es sich hier um ein unglaublich aktuell wirkendes Modell, sowohl für die Entstehung der Geschlechter als auch die Herausbildung bilateraler Lebensformen.) Besonders reich an solchen Paaren ist die Religion und Philosophie des alten China. Die Geschwistergatten Fu-Hsi und Nü-Kua, die als Erfinder der Ehe – und des Inzest – gelten, werden oft mit verschlungenen unteren Körperhälften dargestellt;

Abb. 40. Chinesisches Yin-Yang-Symbol; 41. Indische Darstellung einer Göttin (nach Desbarolles); 42. Triquetrum (altes magisches Runensymbol)

Fu-Hsi hält in der Rechten den Winkel, Nü-Kua in der Linken den Zirkel. Die größten Heroen Altchinas, Yu der Große und Tang der Siegreiche, lassen sich fast als Personifizierung von Links und Rechts bezeichnen. In Literatur und Kunst findet man sie als Linkshänder und Rechtshänder, zum Teil sogar auf ihre charakteristische Leibeshälfte reduziert! In ihrer Verkörperung gegensätzlicher, sich ergänzender Machtbereiche Erde und Himmel, Trockenheit und Regen, Tag und Nacht leiten sie nahtlos über zu dem wohl bekanntesten komplementären Paar: Yin und Yang. Zunächst mit einer Folge gerader und ungerader Zahlen versinnbildlicht, die ein aufgeteiltes Quadrat, das Lo Shu, umgaben, wurde es erst ab dem 10. Jahrhundert in der uns vertrauten Weise als Kreis mit zwei fischförmigen linksdrehenden Segmenten dargestellt (Abb. 40). Sie verdeutlichen die komplementäre Dialektik schlechthin, verweisen also darauf, dass keine Schönheit völlig frei von Hässlichem ist, und selbst in der größten Hässlichkeit eine Spur Schönheit verborgen liegt; dass das Leben Tod in sich birgt und der Tod über die Verwesung zu neuer Fruchtbarkeit führt; dass die Kälte oder das Dunkel nie absolut sind und sich andererseits nur aus dem Vorhandensein von Wärme und Helligkeit erklären lassen. Diese Aufzählung wäre beliebig fortzusetzen. Nach dem Sinologen M. Granet sind Yin und Yang mithin auch nicht als Prinzipien, sondern als Embleme anzusehen, die je nach Situation neu entstehen und neue Formen annehmen können: die singenden Wäscherinnen am Fluss und die Männer, die müde von der Ernte heimkehren, das Sonnenlicht auf den Zweigen der wilden Kirschbäume und der Schatten, den diese ins Moos werfen, das gischtsprühende veränderliche Meer und der harte zerklüftete Fels, der ihm Einhalt gebietet. Selbstverständlich versinnbildlichen Yin und Yang auch Unten und Oben, Erde und Himmel. Allerdings fehlte den Chinesen jeder missionarische Eifer, diese Unterscheidung etwa auf Gut und Böse, Gott und Satan oder ähnliche europäische Schwarz-Weiß-Schemata auszudehnen. Im Gegenteil, sie verstanden ihren weltumspannenden Dualismus als Grundlage eines ganzheitlichen Denkens, das sie gerade vor derartigen Dogmen bewahren konnte. Selbst Glück und Unglück wurden als sich gegenseitig umschließende Kräfte weitgehend wertfrei gedeutet! Nur so ist es zu verstehen, wenn in China die Linke als Hand des Glücks und der Ehre galt. (Vergleiche auch den

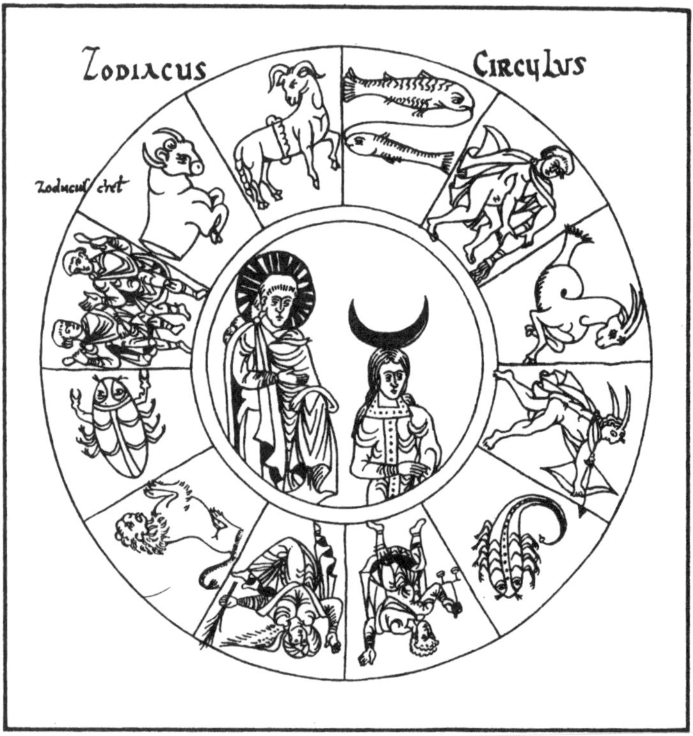

Abb. 43. Tierkreis mit Sonne und Mond (Buchmalerei aus dem 10. Jh., St. Gallen)

31. Spruch des Lao-tse: »Glück wohnt links, Unheil wohnt rechts. Die Truppe steht links, der Führer steht rechts«.) Wurde Yang als linke Seite dem männlichen Prinzip zugeordnet, so findet sich die entgegengesetzte Assoziation, Links = Weiblich, in den meisten abendländischen Kulten wieder. Vermutlich knüpfen derartige Gedankenverbindungen noch an alte Fruchtbarkeitsriten (Sonne-männlich-rechts/Erde-weiblich-links) an. So gilt den Delaware-Indianern die linke Hand als heilig, die rechte als profan. Die libyschen Ackerbauern machen ihre tiefe Verehrung der Mutter Erde deutlich, indem sie sich die linke Seite des Kopfes kahl scheren. Eine ganz ähnliche Wertzuweisung findet sich auf indischen Götterbildern (Abb. 41). Hier sind der rechten Seite Symbole der Gewalt, des Unglücks und der Grausamkeit (Schwert, Halsring, eiserne Kette, Tiger) und der linken Metaphern von Liebe, Sanftmut und Weisheit (Palmenzweig, Becher, Kette des menschlichen Geistes, zahmer Ochse) zugeordnet. Selbst der dem Kopf der Göttin entspringende Quell der Weisheit sprudelt nach links. Bei der Prozession zu ihren Ehren wird meist eine Skulptur ihrer linken Hand – auch Hand der Gerechtigkeit (!) – vorangetragen.

Die Tendenz, rechts als heilig, stark und männlich zu empfinden, leitet sich gewiss von der Rechtshändigkeit, zunächst aber wohl von der Sonnenanbetung her. Im heidnischen Brauchtum gilt es als Ehrerweisung, Heiligtümer oder Personen rechtsherum, also in Uhrzeigerrichtung, gemäß dem Lauf der Sonne, zu umrunden. Erinnert sei nur an die, von den deutschen Faschisten als Hakenkreuz missbrauchte, rechtslaufende Swastika – das uralte Sonnenrad, dessen vier Ausläufer die Himmelsrichtungen symbolisieren und an das Triquetrum (Abb. 42), ein bei vielen Völkern verbreitetes magisches Runensymbol. Die astrologischen Tierkreiszeichen hingegen sind, der Lage der Sternbilder folgend, entgegen dem Uhrzeiger, also linksherum, angeordnet (Abb. 43).

Im Judentum wird die Thora in der Kabbala als »rechts«, die mündliche Überlieferung als »links« bezeichnet. Die Gebetsriemen sollen links getragen werden, weil links die dem Herzen näher liegende und damit gottgefälligere Seite ist. Der Baum der Sephirot, der oft als versinnbildlichte Menschendarstellung erscheint, weist Weisheit, Güte und Ewigkeit als Qualitäten der rechten, Klugheit, Strenge und Majestät als Eigenschaften der linken Körperhälfte aus

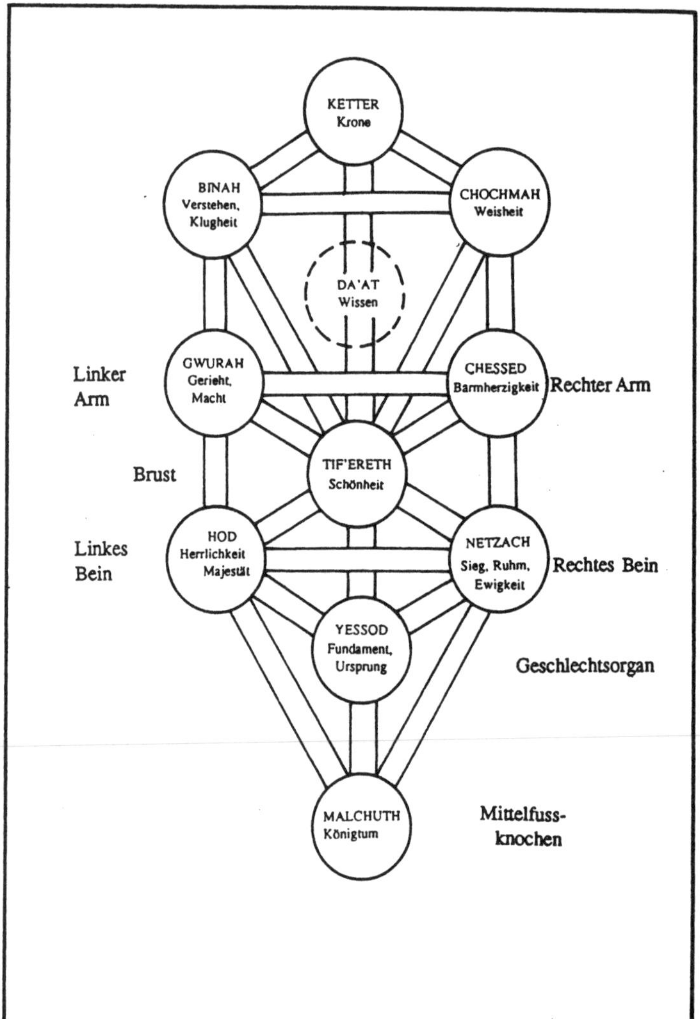

Abb. 44 Die Sefiroth (kabbalistische Charakterenergien) und ihre Beziehung zum Menschen (nach Berg)

(Abb. 44). Allerdings steht der jüdische Bräutigam auch links neben der Braut unter dem Traubaldachin.

Bereits im Alten Testament, verstärkt aber mit dem Aufkommen des Christentums, kam es mit der religiösen Mystifizierung zugleich zu einer moralischen Bewertung von Rechts und Links. So stehen die Gerechten am Jüngsten Tag an Gottes rechter Seite, die Sünder hingegen an der linken – die einen erwartet das Himmelreich, die anderen ewige Verdammnis. Von den beiden gekreuzigten Schächern kommt der zu Jesus' Rechten schließlich doch noch ins Paradies. Auf bildlichen Darstellungen gibt Gott den Segen mit seiner rechten Hand, der Teufel hingegen hantiert, ja fiedelt sogar mit der Linken. Wen wundert es da, dass man in abendländischen Kulturen selbst die Gebetshäuser durch die rechte Pforte betritt.

Die mit der entsprechenden Händigkeit einhergehende christliche Bevorzugung der rechten und Diskriminierung der linken Seite fand bald auch Eingang in das weltliche Brauchtum. So wird nur die rechte Hand zum Gruß gereicht und durch die gerichtliche Vereidigungsformel als Schwurhand anerkannt, die morganatische Ehe oder »Ehe zur linken Hand« galt nur für die Nebenfrau (die damit beispielsweise des Erbfolgerechts für ihre Kinder verlustig ging), beim Servieren wird bis auf den heutigen Tag von rechts bedient.

Infolge eines linksgewandten Bewegungsablaufs, der entsprechenden Handhabung von Hammer und Meißel an der Steinplatte, entstanden die altertümlichen linkslaufenden Schriften: die Hieroglyphen, die Keilschrift und schließlich die semitischen Formen. Schon bei der Keilschrift, insbesondere aber mit der Verwendung von Pinsel oder Feder kam es zu einer eigentümlichen Übergangsphase, der abwechselnd rechts- und linkslaufenden Bustrophedon (das heißt Ochsenkehre-Schrift), die schließlich die uns vertraute Schreibart hervorbrachte. Dieser Umstand ist deshalb so bedeutsam, weil die mit der rechtsläufigen Schreib-Lese-Richtung aufkommende Gewöhnung der natürlichen Blickrichtung gerade entgegengesetzt war. (Als man die ersten Weltraumsimulationen der NASA durchführte, bei der künftige Astronauten an ihre Sessel geschnallt auf einer Schiene vorwärts geschossen wurden, stellte sich heraus, dass die Augäpfel der Probanden rasche linksgerichtete Kreisbewegungen beschrieben: die spontane Blickrichtung.)

Abb. 45. Die Erschaffung Evas (Holbein)

Da beim Menschen eine stärkere Rechtsäugigkeit festzustellen ist, wird das Mitte-Rechts-Sehfeld ohnehin leichter erfasst, das linke dagegen muss erst durch leichte Augenbewegungen »erschlossen« werden. (Wenn sich der Vorhang zu einem Theaterstück hebt, nimmt ein in der Mitte der ersten Reihe sitzender Zuschauer daher in der Regel zuerst die rechte und dann die linke Bühnenhälfte wahr.) Die Abfolge der Augenbewegungen leitet über zu einem anderen Bereich unserer sehr spezifischen Kulturgeschichte – der Bildenden Kunst.

In der Malerei und Grafik ist die Betonung von Links oder Rechts für den Richtungskontrast und damit, insbesondere bei Landschaftsbildern, häufig für die emotionale Aussage eines Werkes von Belang. H. Wölfflin: »Es entscheidet über die Stimmung des Bildes, wie es nach rechts ausgeht.« M. Gnaffron führte repräsentative Tests mit Aufnahmen von normalen und gespiegelten Gemälden durch, die Wölfflins Annahme erhärteten. Sicher nicht den einzigen, aber möglicherweise den entscheidenden Aspekt stellt dabei die Blickfolge des Betrachters von rechts oben nach links unten dar.

Unter Werbefachleuten ist dieses Sehverhalten seit langem bekannt: Annoncen in der rechten oberen bzw. linken unteren Ecke einer Zeitschrift gelten als besonders gefragt, Fotos werden angeschrägt, Personen und Objekte, ja selbst Texte auf großem Sichtmaterial leicht nach links gekippt, um das Auge des Passanten zum längeren Verweilen einzuladen.

Auf der Abbildung »Die Erschaffung Evas« geht die Blickrichtung des Betrachters von dem personifizierten Windgeist in der rechten oberen Ecke, der durch die Sonne und den Baumwipfel umrahmt wird, über die fliegenden Vögel zum gekrönten Haupt Gottes, umschließt das zentrale Dreierensemble und gleitet schließlich am Faltengewand und dem erhobenen Kopf der Hirschkuh zum Fisch unten links. Der Wasserlauf am unteren Bildrand führt das Auge in leichtem Bogen nach rechts und über den aufgestützten Ellbogen des liegenden Adam erneut zu den Zentralfiguren. Diese Bewegung wiederholt sich, relativ separat, in der Dreieckskomposition der Bildmitte (Abb. 45). Das in diesem Fall symmetrische Blickschema würde sich auch beim gespiegelten Bild wiederholen, nur dass dann das Auge des

Abb. 46. Glücksrad (aus Brant: »Das Narrenschiff«)

Betrachters – über die Diagonale Gott, Eva, Adam – wohl eher auf den Hasen als auf die Schnecke fiele.

Bedient sich ein Kunstwerk gezielter Rechts-Links-Asymmetrien, kann dies, je nachdem, ob die Richtung des optischen Abtastens unterstützt oder behindert wird, in der Tat Einfluss auf Harmonie oder Disharmonie, die Ausstrahlung relativer Ruhe oder innerer Spannung haben (siehe Hintergrundgestaltung des linksdrehenden Glücksrades; Abb. 46).

Die Frage, ob es sich hier um eine durch in der Regel rechtshändige Künstler geprägte Sehgewohnheit der Betrachter handelt oder umgekehrt, um ein von der Bildenden Kunst empirisch bedientes natürliches Sehverhalten, lässt sich nicht so leicht beantworten. (Bekanntlich zeichnen Rechtshänder mit Vorliebe linksgewandte Profile. Nach R. Zazzo sind ca. 70 Prozent aller Profile auf Kinderzeichnungen linksgewandt, wohingegen Linkshänder Rechtsprofile bevorzugen.) Es spricht jedoch einiges für die zweite Variante, unter anderem der Umstand, dass die Vervielfältigungsverfahren der Druckkunst (wie die angeführten Holzschnitte) ja oft spiegelverkehrte Abbilder liefern, bei denen die von rechts oben nach links unten fallende Bilddiagonale als wichtiges Kompositionselement dennoch eingehalten wird. Dass hier durch das Leseverhalten bedingte Interferenzen auftreten können, machte das Experiment von D. B. Eisendraht, einem New Yorker Fotografen, deutlich, der einer Reihe von Personen originale und gespiegelte Landschaftsfotos vorlegte. Bei Fällen starker Rechts-Links-Asymmetrie gaben 75 Prozent der Personen den Originalen den Vorzug. Interessanterweise bevorzugten hebräisch, also von rechts nach links, lesende Testpersonen die gespiegelten Landschaften.

Die Bilddiagonale ist auch in einem Bereich der Symbolik zu finden, der noch aus dem Mittelalter herrührt – der Heraldik. Als ihr wissenschaftlicher Begründer gilt B. de Saxoferrato, Rechtslehrer in Perugia und späterer Ratsmann am kaiserlichen Hofe. Dieser verfasste Mitte des 14. Jahrhunderts den bahnbrechenden Traktat »De insigniis et armis«, der sich erstmals mit Fragen der bildlichen Darstellung und Farbensymbolik von Wappen beschäftigte und die Zuordnung von Rechts und Links klärte. (Die Beschreibung komplizierterer Schilder folgt der Darstellung in Abb. 47a – erstes Feld rechts oben, zweites links oben, drittes rechts unten und viertes

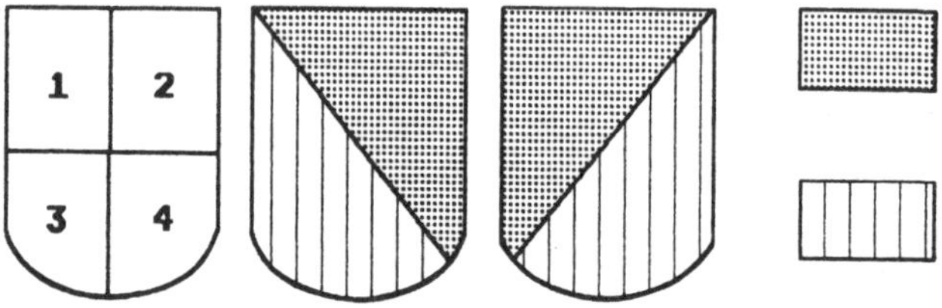

47a 47b 47c

48

Abb. 47. a) Abfolge der Felder bei der Wappenbeschreibung, b) von Gold nach Rot schrägrechts, c) von Gold nach Rot schräglinks geteiltes Wappen; 48. Unvollständige Spiegelsymmetrie auf einem assyrischen Wandrelief (nach Weyl)

links unten. Schräggeteilte Schilde erhalten ihren Namen nach der Fallrichtung der Diagonale. Abb. 47b ist demnach von Gold nach Rot schrägrechts, Abb. 47c von Gold nach Rot schräglinks geteilt.) Der Widerspruch zur gewohnten Blickfolge ist hier nur ein scheinbarer, denn die Begriffe Rechts und Links gehen hier nicht vom Gesichtspunkt des Betrachters, sondern von dem des Schildträgers aus. Die rechte oder auch vordere Seite des Wappens liegt demnach links vom Betrachter ...

Die Wappenkunde ist für das Rechts-Links-Problem auch unter einem anderen Gesichtspunkt bemerkenswert. Sie belegt in eindrucksvoller Weise die Faszination der Spiegelsymmetrie, der selbst die natürliche Darstellung untergeordnet wird. (Erinnert sei nur an den doppelköpfigen Adler, das Symbol des zaristischen Russlands.) Beim Übergang von der dekorativen zur realistischen Malerei wird diese Spiegelsymmetrie durchbrochen. Die adlerköpfigen Männer auf dem assyrischen Wandrelief (Abb. 48) sind beide Rechtshänder!

Auch in der Tonkunst trifft man zuweilen auf Spielereien, die sich aus der bewussten Spiegelung eines Musikstücks ergeben. Angeführt seien hier die Umkehrung von Mozarts A-Dur Sonate in den Variationen von Max Reger und Joseph Haydns Kanon »Du sollst dich ganz der Kunst weihen!«. Die so entstehende, gewissermaßen von rechts nach links gespielte Tonfolge ist in Klang und Charakter der Originalmusik nahezu entgegengesetzt. Hanns Eisler erwähnt in seinen Erinnerungen, wie ihm Bertolt Brecht eines Tages diabolisch pfeifend den Flur entgegenkam. Die ungewöhnlich heitere Melodie stellte sich als die Umkehrung des Trauermarsches von Frédéric Chopin heraus.

Tierversuche und Krebstherapie

Auftragsgemäß statteten wir dem Patentamt auch weiterhin Besuche ab und gaben zahlreiche Thesen, Überlegungen und Ergebnisse zu Protokoll, im Glauben, unserer Arbeit damit einen guten Dienst zu erweisen. So reichten wir unter anderem ein »Verfahren zur Stoffwechselbeeinflussung von lebenden Zellen« zur Patentierung ein. Wir hatten festgestellt, dass sich bestimmte Lebensprozesse von Mikroorganismen veränderten, wenn man sie gerichteter Drehung aussetzte. (So wird zum Beispiel von der Darmbakterie Yersinia enterocolitica bei der linksgedrehten Probe D-Mannose und D-Tabrat nicht mehr verstoffwechselt, wohl aber Malanat, während sich das Stammbakterium genau umgekehrt verhält.) Mehrere Wochen darauf sprach mich Prof. Axel Hendrik, der Ärztliche Direktor des Klinikums Buch, an und erzählte von einem überraschenden Besuch. Wie aus heiterem Himmel sei ein Zivilist in Begleitung von sechs Uniformierten bei ihm im Sekretariat aufgetaucht, hätte die Öffnung des Panzerschranks verlangt und dort ein Schriftstück deponiert. Als die sieben Männer wieder abgezogen waren, stellte man fest, dass es sich bei dem versiegelten Dokument um ein Geheimpatent handeln musste, allerdings waren weder Gegenstand noch Autoren desselben zu entnehmen. (Wie sich in der Folgezeit herausstellte, war unser erstes Patent inzwischen mit einem so hohen Geheimnisgrad versehen worden, dass es zwar beim Stellvertreter des Ärztlichen Direktors aufbewahrt werden durfte, aber niemand im gesamten Klinikum berechtigt war, es zu öffnen.)

Parallel zu den Patentmeldungen versuchten wir, einzelne Ergebnisse unserer Forschungen auf der Wissenschaftsseite einer führenden Tageszeitung und in der Zeitschrift »Wissenschaft und Fortschritt« zu veröffentlichen. Prof. Hörz von der Akademie der Wissenschaften hatte uns dafür seine Unterstützung zugesagt. So stellten wir ihm ein Exemplar unseres Artikels zu. Er selbst wollte ihn nach der Lektüre an die Redaktionen weiterleiten. Die Veröffentlichung wurde jedoch verhindert. Die Herren Pobel und Theisen schalteten sich ein und holten das bei Herrn Prof. Hörz liegende Manuskript persönlich wieder ab. Uns gegenüber erklärten sie, dass sie stattdessen auf internen Wegen nach in Frage kommenden Anwendern suchen würden. So hätte der Präsident des Patentamtes, Prof. Hämmerling, den Vorsitzenden des Forschungsrates der Akademie der Wissenschaften, Herrn Prof. Max Steenbeck, in einem persönlichen Brief gebeten, potentielle Interessenten an unseren Wachstumsresultaten ausfindig zu machen.

Neben unseren Drehversuchen mit unterschiedlichen Pflanzen und Kleinstlebewesen hatten wir inzwischen auch Experimente begonnen, in denen wir den Einfluss von links- bzw. rechtsdrehenden Substanzen auf den Säugetierorganismus testen wollten. Dazu besorgten wir uns hundert Mäuse mit künstlich gesetzten Tumoren – da weitgehend gleichwertige Tiere erforderlich waren, handelte es sich um weiße Inzuchtmäuse – und verabreichten ihnen körpereigene, natürliche und körperfremde bzw. synthetisch erzeugte Isomere verbreiteter biochemischer Verbindungen, wie Ascorbinsäure, Weinsäure und Milchsäure. Die längste Lebenserwartung zeigten jene todkranken Tiere, deren Trinkwasser wir die ausgesprochen seltene, optisch linksdrehende Gärungsmilchsäure zugesetzt hatten!

(Da unsere Experimente zwar geduldet, aber kaum unterstützt wurden, gestalteten sich mitunter selbst die profansten Dinge zu einem Problem. Als wir zum Beispiel geeignete Behältnisse für unsere Mäuse benötigten, wandten wir uns zunächst an die Abteilung Laborbedarf, dann an die Werkstatt und als auch dort niemand weiterhelfen konnte, schließlich an die Großküche des Klinikums. Der Koch, den wir sprachen, zuckte mit keiner Wimper, als er unser Ansinnen vernahm und wies stumm auf zehn riesige Gurkengläser. Diese hatten im Grunde nur einen einzigen Makel: Sie waren voll bis zum

Rand. Nach kurzer Übereinkunft lieferte man uns zehn prächtige Kleintiergefäße – und der Betriebskantine zwei Wochen lang saure Gurken ...)

Im Anschluss an die Mäuseversuche testeten wir die Reaktion von gut beschriebenen menschlichen Krebszellen, sogenannten Hela-Zellen, auf unseren Drehtellern. In unserem statistisch nicht gesicherten Vorversuch, den wir aufgrund akuten Materialmangels nicht weiterführen konnten, verhielten sich die Zellen des wildwuchernden Gewebes genau entgegengesetzt zu den menschlichen Normalzellen. Die ersten vermehrten sich stärker bei Links-, die anderen bei Rechtsdrehung. In diesem Zusammenhang tauchte auch ein anderer Gedanke auf. Da uns vertraut war, dass Normalzellen bei ihrer Gärung die linksgedrehte Form der Milchsäure freisetzen, fragten wir uns, ob Krebszellen eventuell auf Rechtsmilchsäure reagierten. Aus der Fachpresse wussten wir von dem Geraer Chirurgen Dr. Strauß, der Krebspatienten mit therapieunterstützenden Joghurtkuren behandelte. Diese Joghurts enthielten Rechtsmilchsäure. Wir schrieben Dr. Strauß von unseren Versuchsreihen, woraufhin er uns zu einem Besuch nach Gera einlud und seine Behandlungsmethode ausführlich darlegte. Im Ergebnis beschlossen wir, unsere noch ziemlich vage Vermutung sorgfältig zu prüfen.

In dieser Zeit suchte uns Dr. Hans W. Gerlach auf, damals noch Sektorenleiter im Ministerium für Wissenschaft und Technik, später stellvertretender Minister für Werkzeugmaschinenbau. Wir hatten über die Problematik des Linksphänomens Bekanntschaft geschlossen und uns früher des Öfteren getroffen. Diesmal jedoch kam er als Patient. Er und seine Frau litten an einer schweren Mykose – einem massiven Pilzbefall. Da die Krankheit der Frau trotz aller Bemühungen der Mediziner des Regierungskrankenhauses bereits in das Finalstadium eingetreten war, und man auch den gesundheitlichen Zustand ihres Mannes als ausgesprochen kritisch einschätzte, waren beide Patienten in die Hautklinik Berlin-Buch verlegt worden. Offenbar hatten sie den Chefarzt der Klinik, OMR Dr. Elste, von unseren Studien unterrichtet, denn er bat uns kurz darauf zu einem Gespräch. Wir stellten ihm und dem behandelnden

Arzt, Dr. Krell, die grundlegenden Prinzipien der Milchsäurebehandlung bei Krebspatienten dar, und bemerkten, dass wir aufgrund eigener Experimente die Vermutung hegten, dass die vorliegende Erkrankung – es handelte sich um eine Hefepilzart, die Milchsäure produzierte – gleichfalls auf therapeutisch wirksame Mengen von Rechtsmilchsäure anspräche. Im Nachhinein erfuhren wir, dass beide Patienten tatsächlich mit hochdosierten Gaben der keineswegs billigen D(-)-Milchsäure behandelt worden waren. (Es handelte sich um Kuren im Wert von etwa 20 000 DM, die durch die guten Verbindungen zum Ministerium bereitgestellt werden konnten.) Beide Ehepartner wurden als vollständig geheilt entlassen.

Später konsultierten wir in dieser Frage Dr. Döpke, Chemiedozent und Spezialist für Stereo-Isomere an der Humboldt-Universität zu Berlin. Er stimmte unseren Vermutungen über die durch die Chiralität bedingten Wirkungsmechanismen linksgedrehter Milchsäure zu und begleitete uns in die Pharmazeutischen Werke Oranienburg, um sich nach den Möglichkeiten einer Produktionsaufnahme zu erkundigen. Allerdings kam diese aufgrund ungenügender technischer Voraussetzungen nicht zustande.

Pflichtgemäß berichteten wir dem Patentamt über den Ausgang unserer Gespräche und Erfahrungen. Wir waren durch die Literatur mit einigen Behandlungsmethoden bei Krebserkrankungen vertraut und wussten, dass auch am Dresdner Institut von Prof. Ardenne eine Therapiemethode erarbeitet und praktiziert wurde, deren Wirkungsmechanismus auf der Entstehung von Milchsäure beruhte. Am einfachsten schien es uns, unsere Fragen direkt an Ort und Stelle zu erörtern. Herr Dr. Theisen war gleichfalls an dem zu erwartenden Gespräch interessiert und so fuhren er, Dr. Ritschel und ich zur Villa von Prof. Ardenne auf den Weißen Hirsch nach Dresden. Prof. Ardenne empfing uns freundlich und bat uns um einen Augenblick Geduld, da er, sofern wir einverstanden wären, noch einen Patentingenieur hinzuziehen wolle. Wir erwähnten, dass bereits Herr Dr. Theisen, als Vertreter des Patentamtes, anwesend sei. Auf diese Bemerkung entgegnete Prof. Ardenne höflich, dass sich das gut träfe, da er selbst ohnehin noch einige Forschungsberichte abzufassen hätte. Er bat uns deshalb, das Gespräch zunächst mit dem entsprechenden Spezialisten für Milchsäuretherapie aufzunehmen und verließ den Raum. Dem eintretenden Experten, Herrn Dr. Reitnauer, erklärten wir unser Anliegen. Das Grundprinzip der von seiner Arbeitsgruppe praktizierten Krebstherapie bestand darin, dass die betroffenen Zellen durch Sauerstoffentzug und gleichzeitige Glucosezufuhr zur Gärung angeregt wurden. Deren Endprodukt, die Milchsäure, führt zu einer Übersäuerung des Gewebes und damit zur Hemmung des Krebszellenwachstums. Wir wollten jetzt von ihm erfahren, welches Milchsäure-Isomer für den therapeutischen Effekt verantwortlich war – die Rechtsform oder die Linksform. Zu unser aller Verwunderung erklärte Dr. Reitnauer, dass er das leider auch nicht wisse. Unserer Ansicht, dass es nach allen biologischen Erfahrungen nur eine von beiden Formen sein könne, stimmte er jedoch zu. Kurz darauf erschien erneut Prof. Ardenne im Zimmer, erkundigte sich nach dem Stand des Gesprächs und eröffnete uns, dass diese Frage bereits durch Untersuchungen von Warburg geklärt worden wäre. Er versprach, die Problematik noch einmal mit seinen Mitarbeitern zu diskutieren und verabschiedete uns.

Wenige Tage später erhielt ich von Prof. Ardenne einen Brief, in dem er erklärte, dass die Links-Rechts-Phänomene in ihrer Gesamtheit zweifellos einen hochinteressanten, heterogenen Problemkreis bildeten, der jedoch bereits weitgehend erschlossen wäre. Eine Unterscheidung zwischen links- und rechtsseitiger Orientierung sei indes an einen Bezugspunkt gebunden. Die Zeiger einer Uhr würden sich, von hinten betrachtet, ja auch entgegen dem Uhrzeigersinn drehen, ein Drehteller, vom Antipoden aus gesehen, die entgegengesetzte Drehrichtung aufweisen. (Das trifft zwar für Kreisbewegungen zu, lässt aber die Translation, in unserem Falle die Wachstumsrichtung, völlig unberücksichtigt. Die linksgedrehte Spirale bleibt bekanntlich linksgedreht, egal ob man sie nun von oben oder von unten betrachtet.) Der prominente Wissenschaftler empfahl uns abschließend, ruhig mit unseren Drehversuchen an Organismen und Zellverbänden fortzufahren. Er selbst aber sähe an seinem Forschungsinstitut keine Möglichkeit, sich experimentell oder theoretisch an der Klärung der Problematik zu beteiligen.

Wir bedauerten dies sehr, hatten wir doch gehofft, dass ein unabhängiges Forschungsgremium mit deutlich besseren technischen Voraussetzungen unsere Versuche wiederholen und fortführen könnte, zumal unsere Literaturrecherchen ergaben, dass die Frage der Drehung bei Milchsäuregärung durch Warburg keineswegs entschieden worden war.

Drehungen bei organischen Grundbausteinen

Unter optischen Isomeren werden paarige Stoffe verstanden, die über den gleichen Atomaufbau und dasselbe Molekulargewicht verfügen, gleiche chemische Reaktionen durch identische reaktionsfähige Gruppen eingehen und sich zunächst nur in einer einzigen physikalischen Eigenschaft unterscheiden. In molekularer Verteilung dreht einer der Stoffe die Ebene des polarisierten Lichts nach links, der andere um den gleichen Betrag nach rechts. Nach den lateinischen Termini laevo (links) bzw. dexter (rechts) werden die beiden optischen Antipoden als l- bzw. d-Substanzen bezeichnet (Abb. 49a, 49b). Treten beide, beispielsweise bei Synthetisierung, als Stoffgemisch auf, zeigt dieses häufig veränderte physikalische Eigenschaften. Es besitzt eine andere Schmelztemperatur und Löslichkeit als die Ausgangsstoffe und erweist sich, da die entgegengesetzt gerichteten Strukturen beider Grundsubstanzen einander neutralisieren, häufig als optisch inaktiv (siehe Tabelle).

	Schmelzpunkt	Löslichkeit	opt. Aktivität
Rechts-(d) Weinsäure	170°	0,76 T/l	rechtsdrehend
Links-(l) Weinsäure	170°	0,76 T/l	linksdrehend
Traubensäure (d/l-Form)	204°	5,85 T/l	inaktiv
Mesoweinsäure	140°	0,80 T/l	inaktiv

Von der Traubensäure erhielten derartige Stoffgemische die Bezeichnung Razemat (lat. racemus – Traube). Zuweilen können sie neue Kristallstrukturen ausbilden. In der Regel ist es jedoch möglich, sie wieder in die ursprünglichen d- und l-Formen zu zerlegen. Die optisch inaktive Mesoweinsäure hingegen lässt sich nicht

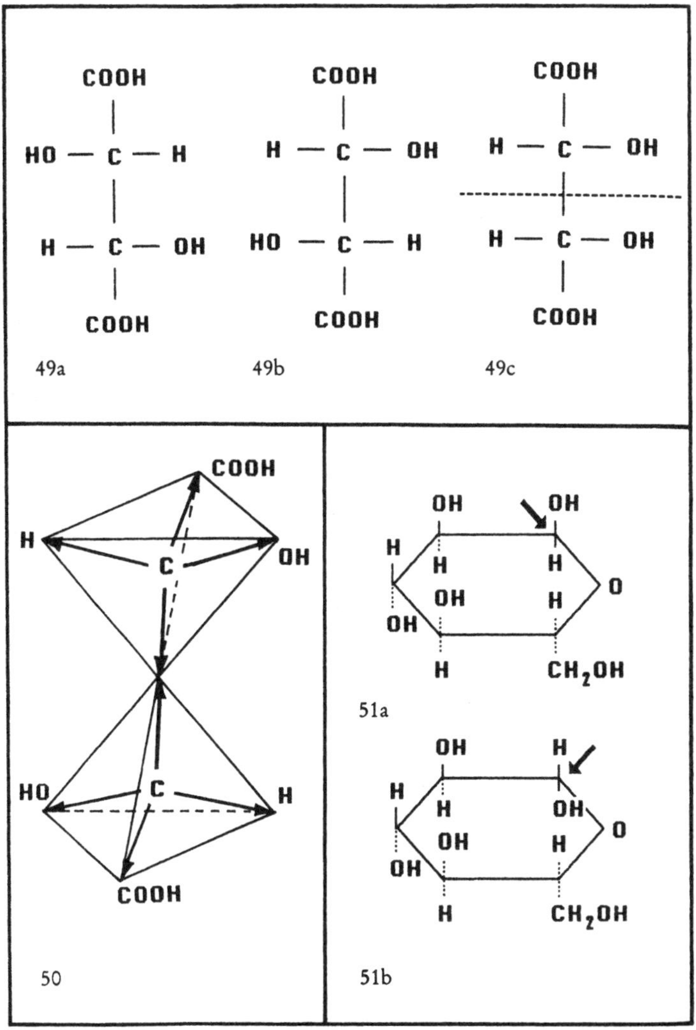

Abb. 49. a) l-Weinsäure, b) d-Weinsäure, c) Mesoweinsäure; 50. Tetraedermoleküle in innerer Kompensation (Mesoweinsäure); 51. a) alpha-Glucose und b) beta-Glucose (als Beispiel für cis- und trans-Stellung der OH-Gruppe)

weiter in Isomere aufspalten (Abb. 49 c). Es handelt sich also um eine Varietät, die die Summenformel der Isomere mit den physikalischen Eigenschaften des Stoffgemisches vereint.

Im Bemühen, ein Modell zu erstellen, das sowohl den chemischen als auch physikalischen Qualitäten der Kohlenwasserstoff-Isomere gerecht würde, kamen die Begründer der Stereochemie Le Bel und Van't Hoff zu dem Schluss, dass die kettenbildenden C-Atome eine Tetraederstruktur besitzen müssten. Strenggenommen geschah dies auch, um sinnfällig zu machen, dass beide Formen über keine gemeinsame Symmetrieachse verfügen. Überdies ließ sich so die Bildung sehr stabiler Mischstrukturen, wie der Mesoweinsäure, erklären: Kohlenstoffatome mit entgegengesetztem Drehsinn führten hier zu innerer Kompensation (Abb. 50).

Mit weiteren, immer komplexeren Modellen, die allesamt von einer Tetraederstruktur des Kohlenstoffatoms ausgehen, wie cis- und trans-Formen (zum Beispiel bei der Alpha- und Beta-Glucose; (Abb. 51), Behinderungsisomeren (bei denen die freie Drehbarkeit von Atomgruppen eingeschränkt ist) und neuerliche Verbindungen von zwei oder mehr optisch drehenden Einzelsubstanzen, konnte man grundlegende Spannungsverhältnisse, die unterschiedlichen physikalischen Qualitäten und das Bindeverhalten vieler Stoffe begründen.

Das stereochemische Verhalten des Kohlenstoffs lässt sich freilich auch auf andere Elemente wie Stickstoff, Bor, Phosphor und Schwefel übertragen. Die entstehenden optischen Isomere können sich in Geruch oder Geschmack deutlich voneinander unterscheiden. So verbreitet die eine Varietät des Geraniols Rosenduft, die andere riecht nach frischem Öl, die linksdrehende Form des Limonen (eines in Zitrusfrüchten vorkommenden Aromastoffs) duftet nach Zitrone, die rechtsdrehende nach Orange, und zwischen den rechten und linken Isomeren der im Spargel enthaltenen Asparaginsäure sowie verschiedenen Zuckerformen bestehen deutliche Geschmacksunterschiede. Nun sind Geruch und Geschmack in doppeltem Sinne subjektive Eigenschaften. Zunächst einmal werden sie von Individuum zu Individuum in unterschiedlicher Intensität und Qualität empfunden. Zum anderen aber, und das erscheint in diesem Zusammenhang weit wichtiger, bedürfen sie, wie jede Empfindung, bestimmter organischer Rezeptoren. Es leuchtet ein, dass diese Rezeptoren in letzter Konsequenz gleichfalls chirale Eigenschaften besitzen müssen, sonst könnten sie von der Summenformel völlig gleichwertige Verbindungen nicht klar voneinander differenzieren. Und in der Tat besitzen die Nervenenden unserer für das Schmecken und Riechen zuständigen Sinnesorgane eine solche Struktur. Übrigens nicht nur die Sinnesorgane, sondern sämtliche Körperflüssigkeiten, die für die energetische Aufspaltung von aufgenommenen körperfremden Stoffen zuständig sind.

So kann es ausgesprochen gefährlich werden, bestimmte rechts- bzw. linkstypische Eigenschaften der Isomere zu vernachlässigen. Beispielsweise ist das natürliche, in den Zigaretten enthaltene, Links-Nikotin doppelt, linker Kampfer gar dreizehnmal so toxisch wie entsprechende synthetisch gewonnene Rechtsformen, die künstliche Rechtsform des stark pupillenerweiternden Hyoscyamins zeigt im Gegensatz zu der linken kaum Wirkung, Laevoadrenalin wirkt ein dutzendmal stärker auf die Verengung der Blutgefäße als Dextroadrenalin und das linke Phenylalanin führt zur tödlichen Phenylketonurie. Erinnert sei in diesem Zusammenhang auch an die Contergan-Tragödie. Das linke, und zwar nur das linke, Isomer des Thalidomids, das als Beruhigungsmittel auf den Markt kam, führte dazu, dass viele schwangere Frauen Kinder mit schweren körperlichen Missbildungen zur Welt brachten.

Wie sagte doch Alice vor dem Sprung ins Spiegelland besorgt zu ihrem Kätzchen: »Vielleicht ist es nicht gut, Spiegel-Milch zu trinken ...?« Auf das nicht spiegelbildliche Kätzchen könnte sie in der Tat unheilvolle Wirkung haben.

Die vor hundert Jahren von E. Fischer an Zuckern ganz willkürlich vorgenommene und erst später durch die anomale Röntgenstrahlung bestätigte d-/l-Zuordnung wurde später mit Großbuchstaben angegeben und – nach dem D- bzw. L-Glyzerinaldehyd – vereinheitlicht. Da es dabei nicht selten zu Überschneidungen mit der tatsächlichen Drehrichtung des polarisierten Lichts kam, wurde diese zusätzlich mit (+) für rechts- und (-) für linksdrehende Substanzen angegeben. So ist die weitverbreitete Fleischmilchsäure zwar strukturell ein L-Isomer, dreht jedoch polarisiertes Licht nach rechts (+) (Abb. 52). Ihren Namen erhielt sie, weil sie als ein Endprodukt der Aufspaltung von Kohlenhydraten im Stoffwechsel sämtlicher Säugetiere vorkommt. Sie wird durch viele anaerob le-

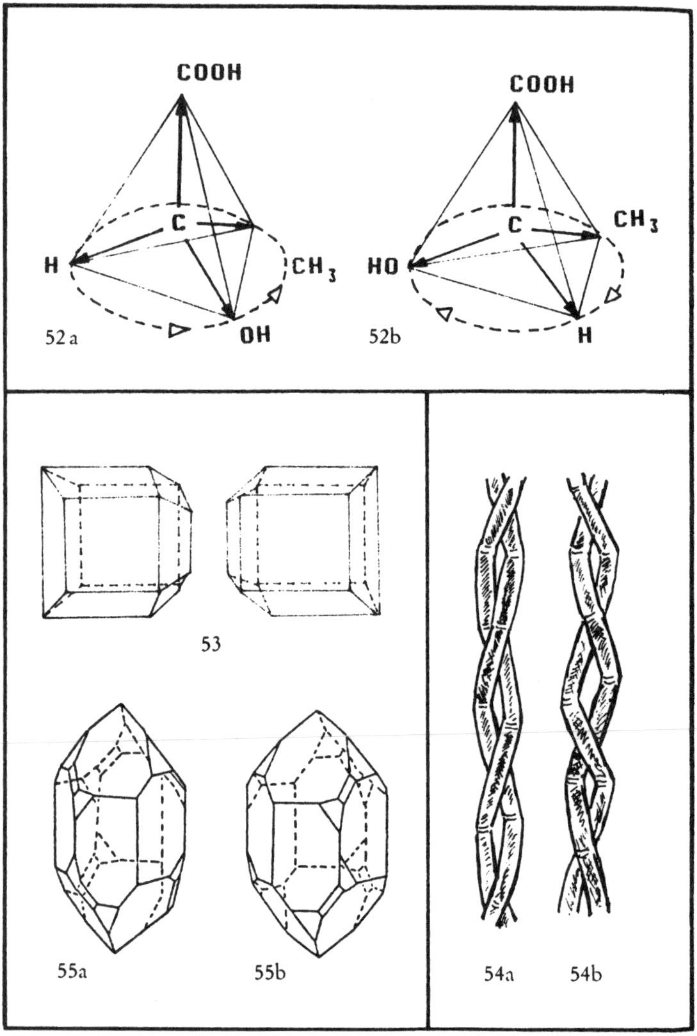

Abb. 52. a) D(-)-Milchsäure, b) L(+)-Milchsäure (Fleischmilchsäure);
53. spiegelbildliche Kristalle der Weinsäure (s. a. Abb. 49 u. 50);
54. a) linksgedrehter und b) rechtsgedrehter Heubazillus;
55. Zwillingsbildungen beim Quarz, a) Linksquarz, b) Rechtsquarz

bende Bakterien, aber auch durch starke Muskeltätigkeit bei mangelnder Sauerstoffzufuhr gebildet und führt, nicht rechtzeitig wieder abgebaut, zum gefürchteten Muskelkater. Dass Joghurtproduzenten auf ihren Produkten häufig stolz den Prozentsatz an L(+)-Milchsäure vermerken, entbehrt also nicht einer gewissen Komik. Umso mehr, als für den in der Tat nachgewiesenen therapeutischen Effekt bei Tumorbehandlungen offenbar allein die (sehr viel seltenere und nur von einigen speziellen Bakterien gebildete) D(-)-Milchsäure, also die linksdrehende Substanz, verantwortlich ist. Die Ursachen dafür dürften in den veränderten Stoffwechselprozessen der Wucherung zu suchen sein. So sind im Organismus lebende Tumorzellen in der Lage, auch bei Sauerstoffbeteiligung Milchsäure zu bilden (wozu, von den Normalgeweben, nur die roten Blutzellen, die Netzhaut und in geringem Maß das Gehirn befähigt sind). Allerdings wird die ansonsten sehr intensive Aufspaltung von Kohlenhydraten durch Sauerstoffzufuhr unterdrückt – die Wucherzelle gewinnt ihre Energie dann verstärkt aus biochemischer Atmung. Dieser Effekt wurde von L. Pasteur beschrieben und trägt seinen Namen. Von dem genialen französischen Wissenschaftler stammen auch die ersten umfassenden Arbeiten zum Rechts-Links-Problem in der Biochemie.

Bereits 1848 wandte sich Pasteur, angeregt von den Beobachtungen Biots und Mitscherlichs, der Analyse spiegelbildlich geformter Salze der Weinsäure zu (Abb. 53). Mit selbstverfertigten filigranen Geräten gelang es ihm, beide Formen unter dem Mikroskop zu separieren und mit der unterschiedlichen Drehung von polarisiertem Licht nachzuweisen, dass er tatsächlich Isomere getrennt hatte. Als Biot von der experimentellen Bestätigung seiner These erfuhr, lud er den knapp 20jährigen jungen Wissenschaftler zu sich ein und bat ihn, den Versuch in seinem Beisein zu wiederholen. Daraufhin kontrollierte Biot zunächst das neu entdeckte Gegenstück zur natürlichen, linksdrehenden Säure. Pasteur: »Ohne eine Ablesung machen zu müssen, erkannte Biot, dass eine starke Drehung nach rechts vorlag. Da ergriff der berühmte alte Mann sichtlich bewegt meine Hand und sagte: ›Mein lieber Sohn, ich liebe die Wissenschaft so sehr, daß dies mein Herz bewegt‹«.

Auf der Suche nach geeigneteren Trennungsverfahren kam Pasteur der Zufall zu Hilfe. Auf einer optisch inaktiven Lösung waren

Schimmelpilze gewachsen. Als der französische Chemiker und Mikrobiologe die verunreinigte Substanz untersuchte, stellte er verblüfft fest, dass sie polarisiertes Licht drehte! Er war auf den ersten biologischen chiralen Katalysator gestoßen. Im Verlauf weiterer Experimente entdeckte Pasteur noch andere Bakterien und Pilze, die nur ein Isomer übrig ließen, indem sie das entgegengesetzte »auffraßen«. (So nähren sich Hefen von rechter Weinsäure und der Penizillin-Pilz greift nur das rechte weinsteinsaure Ammoniak an.) Pasteur suchte dieses Phänomen durch die Chiralität der Lebewesen nach dem Schlüssel-Schloss-Prinzip deutlich zu machen. Er ging also von einem wachstumsfördernden oder -bremsenden Effekt durch gleich- oder entgegengesetzt gerichtete isomere Nahrung aus und bezeichnete die spiegelbildliche Dissymmetrie, die für ihn eine Zwischenstufe zwischen Asymmetrie und Symmetrie darstellte, als ein Wesensmerkmal des Organischen (Stärke, Obstsäure, Zucker, Eiweiße, Zellulose, Gelatine etc. sind bekanntlich optisch aktiv). Bei den anschließenden Experimenten suchte Pasteur die Entstehung der Isomere mit asymmetrischen Wirkungsmechanismen zu erklären, die ihrerseits durch kosmische Kraftfelder, Elektrizität oder Magnetismus bedingt wären. In den erst auszugsweise veröffentlichten Notizen des französischen Gelehrten heißt es: »Ich bin davon überzeugt, dass das Leben, so wie es sich uns manifestiert, eine Funktion der Dissymmetrie des Universums ist – oder der Folgen, die diese mit sich führt. Das Universum ist dissymetrisch, denn wenn man die Gesamtheit der Körper, aus denen das Sonnensystem besteht, mit den ihnen eigenen Bewegungen vor einen Spiegel stellte, so hätte man im Spiegel ein Bild, das sich nicht mit der Wirklichkeit zur Deckung bringen lässt.«

Pasteur wusste bereits, dass verschiedene Substanzen, ja sogar Mikroorganismen, durch Änderung äußerer Faktoren zu ihrer spiegelbildlichen Form übergehen können. (So bildet der Heubazillus normalerweise linksgewundene spiralförmige Kolonien; Abb. 54a. Bei Erwärmung gehen diese zu rechtsgewundenen Strukturen über; Abb. 54b.) Durch gedrehte Kristall- und Nährlösungen, reflektiertes Sonnenlicht und starke Magnetfelder versuchte der berühmte Forscher unter Laborbedingungen eine spiegelbildliche Natur zu schaffen und phantastische Mutationen im Tier- und Pflanzenreich hervorzurufen. Wenngleich er seine kühnen Wunschträume auch nicht annähernd erfüllen konnte, erwarb er sich bleibende Verdienste in seiner Annäherung an die bis dato geheimnisumwitterte Trennlinie zwischen Belebtem und Unbelebtem. Unbedingt ergänzt sei indes, dass sich auch bei anorganischen Kristallen, beispielsweise den Zwillingsbildungen des Quarzes (Abb. 55), Chiralität und, wie beim Kalkspat, sogar optische Drehung findet.

Erst lange nach dem Tode Pasteurs konnte durch Laboratoriumsversuche zweifelsfrei nachgewiesen werden, dass manche Bakterien in der Tat einseitig gedrehte Aminosäuren oder Zucker bevorzugen. Sie nähren sich zwar auch vom entgegengesetzten Isomer, ihr Vermögen, dieses abzubauen, ist jedoch deutlich geringer. Demzufolge bleiben sie auch in ihrem Wachstum zurück. J. Nicolle beschreibt Stoffe, in denen ein optischer Antipode, zum Beispiel das Links(-)Isoleucin nicht als Nahrung dienen kann, oder gar das Wachstum verhindert und suchte diese Erscheinung nicht durch den Gegensatz, sondern die Ähnlichkeit der Isomere zu erklären. So vermag der Organismus die betreffende Substanz zwar chemisch zu identifizieren und an den für den optischen Antipoden vorgesehenen Stellen einzulagern, ist jedoch nicht in der Lage, den Ersatz auch abzubauen, der nun seinerseits den Platz für die herangeschafften »richtigen« Isomere blockiert.

Um die Ursachen dieser paradox erscheinenden Differenzen zu erhellen, muss kurz auf den Grundaufbau des Lebens eingegangen werden. Proteine, die Grundbausteine der uns bekannten Organismen, sind Verbindungen aus Kohlenstoff, Wasserstoff, Sauerstoff, Stickstoff und häufig, jedoch nicht notwendigerweise, Schwefel. Diese Atome sind zu einzelnen Kettengliedern, den Aminosäuren, geformt. Die 20 Aminosäuren, die als regelmäßiger Bestandteil von pflanzlichen oder tierischen Proteinen vorkommen, weisen (bis auf das Glycin) linke und rechte Isomere auf, von denen in der Natur, bis auf sehr wenige Ausnahmen, nur die Linksformen zu finden sind. Miteinander verbunden bilden sie Peptidketten, schraubenförmige Riesenmoleküle, die sich entgegen dem Uhrzeigersinn – also gemäß unserer Normspirale – auf den Betrachter zuwinden (Abb. 56). Diese genannten Alpha-Spiralen können sich untereinander zu einer dreifachen Helix verdrillen, und diese mit anderen dreifachen Spiralen zu einem noch stärkeren

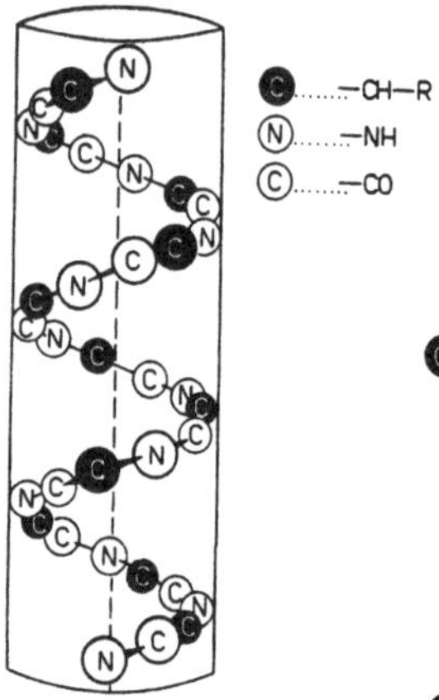

56a

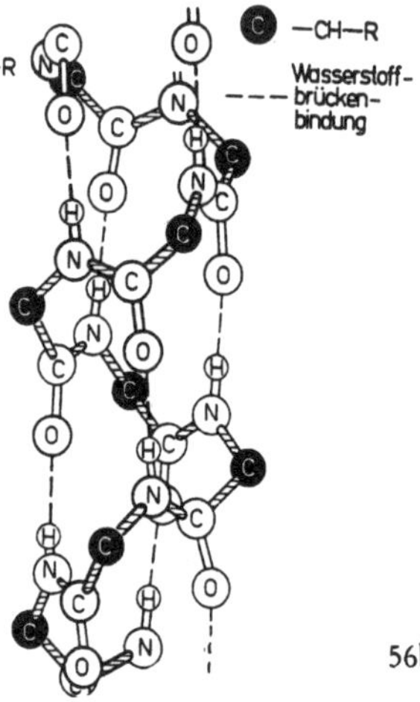

56b

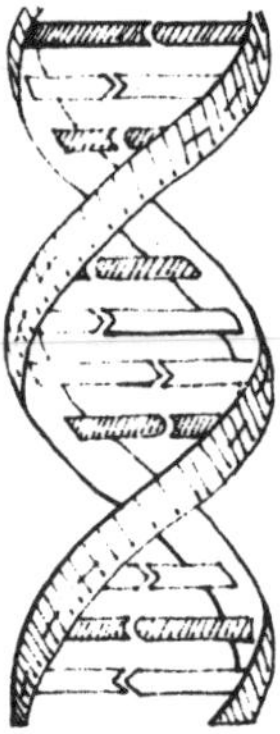

57

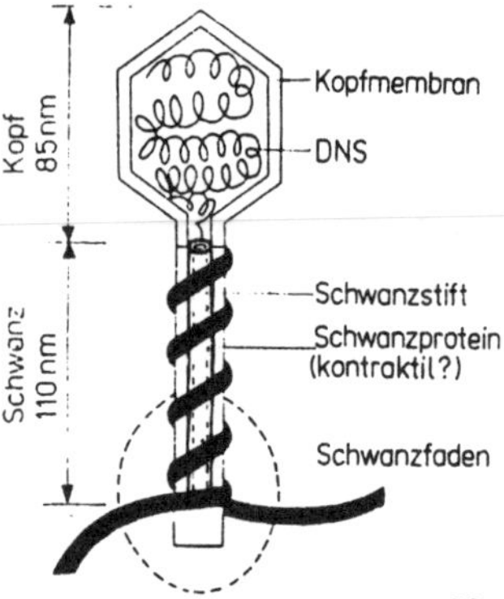

58

Abb. 56. Peptidkette in der alpha-Helix, a) schraubenförmige Grundstruktur (schematisiert), b) alpha-Helix mit eingezeichneten Wasserstoffbrücken (nach Rapoport); 57. DNS-Doppelspirale (Wasserstoffbrücken werden zwischen Adenin und Thymin, sowie zwischen Guanin und Zytosin ausgebildet); 58. Bakteriophage (schematisiert, nach Kozloff)

Strang, bis schließlich mikroskopisch kleine Fäserchen in Sehnen, Haaren oder dem Geißelsystem bestimmter Mikroorganismen entstehen.

Proteinmoleküle werden darüber hinaus von einem feinen Strang Nukleinsäure durchzogen. Es handelt sich dabei um aus linkswendigen Nukleotiden aufgebaute Doppelspiralen, die wir funktional nach DNS und RNS unterscheiden – die »Baupläne« der gesamten belebten Materie (Abb. 57). Ein Virus beispielsweise, das den Organismus der Pflanze, des Tieres, ja sogar des Bakteriums dadurch schädigt, dass es die Zellen des Wirtskörpers als Rohstofflieferanten und Produzenten für unzählige Kopien seiner selbst missbraucht, wickelt beim Eindringen in die fremde Zelle seine DNS-Spirale ab (Abb. 58), um ihr auf diese Weise den eigenen Erbcode mitzuteilen. Dabei kommt auf ca. vier Millionen exakte Kopien eine Mutation. Gerade diese kleinen genetischen Ungenauigkeiten, die »schwarzen Schafe« unter den »wohlgeratenen« Individuen machen ein Überleben der Virenpopulation unter einschneidend veränderten äußeren Bedingungen überhaupt erst möglich.

Über den asymmetrischen Aufbau der Nuklein- und Aminosäuren wurde lange Zeit gerätselt. F. R. Japp verkündete um die Jahrhundertwende gar, dass die Entstehung so komplexer dissymetrischer Formen aus symmetrischen Elementen nie und nimmer auf natürlichem Wege erfolgt sein könne. Von S. L. Miller wurde ein halbes Jahrhundert später der experimentelle Gegenbeweis erbracht. Der junge Chemiker hatte eine Mischung aus Wasser, Ammoniak, Methan und Wasserstoff (die vermuteten Bestandteile der Urmeere) in einem Glaskolben eine Woche lang elektrischen Entladungen ausgesetzt. Nach Beendigung seines Versuchs fand er im Gemisch verschiedene komplexere organische Verbindungen, einschließlich Aminosäuren. Sein Experiment wurde abgewandelt in anderen Laboren wiederholt und führte zum Auffinden zahlreicher synthetischer Nukleotide und Aminosäuren. Der Schleier, der über dem Ursprung des Lebens liegt, konnte dadurch zu einem wesentlichen Teil gelüftet werden. Dass höherentwickelte Lebewesen, die sich von niederen Organismen nähren, genau wie diese linksgedrehte Aminosäuren und DNS-Spiralen besitzen, scheint zumindest nicht verwunderlich. Die Frage nach den Evolutionsfaktoren, die zur Herausbildung des einseitigen Windungssinns (also dem Überwiegen von L-Aminosäuren und D-Zuckern) führten, blieb aber nach wie vor bestehen.

Hier versucht die chemische Kinetik eine Antwort zu geben: In der Regel reagiert eine chirale Substanz in reiner Form schneller, als wenn sie in einer Verbindung beider Isomere, also dem Razemat, vorliegt. So polymerisieren reine L- bzw. D-Aminosäurenabkömmlinge zwanzigmal schneller zu einem Polypeptid als ihr 1 : 1-Gemisch, und zwar die L-Formen zu links- und die D-Formen zu rechtsgedrehten Spiralen, die nun ihrerseits weitere Bausteine für ihre Schraubenstruktur »suchen«. Bei einem geringfügigen Überschuss an L-Aminosäuren würde die Polymerisationsgeschwindigkeit der linksgedrehten Schraube intensiviert werden und im Ergebnis ein größerer Prozentsatz linkswindiger Schrauben vorliegen, als vom ursprünglichen Gemisch her zu erwarten gewesen wäre. Durch begünstigende äußere Faktoren (siehe Heubazillus) und innere Aufspaltung kann dieser Überschuss zusätzlich gefördert werden. Dies gilt umso mehr, als neuere Berechnungen belegen, dass die aus L-Aminosäuren aufgebauten Polypeptide um ein geringes stabiler sind als die Schrauben der D-Isomere. Ein Zusammenspiel aller dieser Komponenten könnte die Dominanz der linksgedrehten Aminosäuren in unserer Welt erklären.

Mögliche Anwendungen und dubiose Partner

Die Herren des Patentamtes hatten inzwischen ihrerseits Aktivitäten entfaltet, um unsere Erkenntnisse möglichen Anwendungspartnern zu unterbreiten und sich dabei am 3. Oktober 1978 auch mit einem Dr. Lutze, Vertreter der Akademie der Landwirtschaftswissenschaften, getroffen. Der Agrarspezialist meinte, dass die von uns aufgestellte Theorie der Pflanzenzüchtung neue Impulse verleihen könnte und nannte folgende Anwendungsgebiete: »Die Verkürzung der Jugendentwicklung eiweißreicher Pflanzen; die Erhöhung des Eiweißgehaltes von Futterpflanzen und Kartoffeln; der Abbau von Resistenzerscheinungen; die Steigerung des Zuckergehalts von Rüben; die Vermeidung des Vergeilens von Pflanzen in Phytotronen; die Steuerung der Fruchtfolge landwirtschaftlicher Kulturen«. Außerdem übermittelte das Patentamt mehreren Institutionen folgendes Schreiben mit der Bitte um Stellungnahme: »Im Amt für Erfindungs- und Patentwesen wurde ein Verfahren zur Hemmung oder Förderung beliebiger Wachstumsprozesse zum Patent angemeldet. Nach diesem Verfahren können sowohl Pflanzen als auch Mikroorganismen in ihrem Wachstum gezielt beeinflusst werden. Gleichzeitig ist die quantitative Zusammensetzung von Stoffwechselprodukten steuerbar. Deshalb erscheint eine Nutzung des Verfahrens in der landwirtschaftlichen Produktion erfolgversprechend. Die Patentanmeldung enthält die Beschreibung des erfindungsgemäßen Verfahrens in allgemeiner Form. Es werden zunächst keine direkt nutzbaren Vorschläge für die Arbeit ihres Institutes unterbreitet. Das resultiert einesteils aus dem umfassenden Geltungsbereich des vorgeschlagenen Verfahrens. Andererseits sind bei so komplexen Vorgängen wie Wachstum und Stoffwechsel eine Vielzahl von Ursache-Wirkungs-Beziehungen zu beachten, die für jede Pflanzenart Spezifika aufweisen und nur dem jeweiligen Fachmann geläufig sind. Für die Klärung der spezifischen Wirkungen und des Nutzeffektes des vorgeschlagenen Verfahrens sind gezielte Untersuchungen am konkreten Objekt erforderlich. Zur Veranlassung der erforderlichen Untersuchungen [...] erhalten Sie die Erfindungsbeschreibung und erläuternde Bemerkungen zur Auswertung und zur Erarbeitung einer Stellungnahme«.

Die Reaktionen der Fachleute waren durchaus unterschiedlich. Während ein bekannter Biochemiker aus Halle schrieb, dass ihn die Erfindung an ein Perpetuum mobile erinnere und der Einfluss der Erddrehung auf physikalische Phänomene seit Langem bekannt und gründlich untersucht sei – auf unsere durch gegenläufige Drehung erzielten Ergebnisse verschwendete er keinen Gedanken – äußerten sich andere Landwirtschaftsinstitute der Akademie vorwiegend positiv. Unter anderem hieß es: »Das Verfahren macht in gewissem Rahmen eine Wachstumsbeeinflussung möglich. [...] Damit wäre eine Anwendung auf Zellsuspensions- bzw. Gewebekulturen denkbar. Der Grundgedanke ist in der Biologie nicht neu. Besonders aus der sowjetischen Literatur sind Beispiele der Beeinflussung von Wachstums- und Entwicklungsprozessen durch Behandlung der Objekte im elektrischen Feld oder durch Behandlung mit magnetisiertem Wasser bekannt. Beispiel eins würde eine bestimmte räumliche Konstellation nutzen und Beispiel zwei würde auf der Zufuhr von Materie in polarisierter Form beruhen, wodurch die Entwicklung stereoisomerer Stoffe beeinflusst wird. In der bereits umfangreichen Literatur zu diesen Arbeiten gibt es ähnliche theoretische Deutungsversuche ...« Abschließend bekundeten die Verfasser des Briefes ihr Interesse, an einer Lösung innerhalb ihres Aufgabengebietes mitzuarbeiten.

Auch in den Antworten weiterer Wissenschaftseinrichtungen hatte man die Prüfung unseres Verfahrens auf dem Gebiet der Zellkultur- und Gewebeforschung empfohlen. Nach Eingang aller Stellungnahmen wurde für den 12. Februar 1980 eine Sitzung der Arbeitsgemeinschaft »Wachstumsregulatoren und ihre Anwendung in der Pflanzenproduktion« anberaumt. Die Teilnehmer trafen sich in der Akademie der Landwirtschaftswissenschaften Berlin. Außer Dr. Ritschel und mir, Herrn Heimlich vom Fernsehfunk und den Herren Pobel und Theisen vom Patentamt waren noch 20 Wissenschaftler der verschiedensten Institute anwesend. Vor dem Beginn der Sitzung rief uns Herr Pobel vom Patentamt noch einmal zusammen und forderte Herrn Heimlich, Herrn Ritschel und mich eindringlich auf, den bereits abgedrehten Film mit keiner Silbe zu erwähnen. Dabei wirkte er außerordentlich aufgeregt, insbesondere, als er den Tagungsteilnehmern Herrn Heimlich statt als Mitarbeiter des Fernsehfunks, als Vertreter der Akademie der Wissenschaften vorstellte. Über das Motiv für diese Lüge können wir bis heute nur Vermutungen hegen. In der unseren Vorträgen folgenden Diskussion wurden verschiedene Detailfragen aufgeworfen und der unzureichende statistische Nachweis der durchgeführten Versuche bemängelt. Diese Kritik war durchaus berechtigt, da wir auf eine große Anzahl unterschiedlicher Experimente Wert gelegt hatten, um eine Trendentwicklung zu verdeutlichen und zur Erstellung umfassender Testserien weder das Material noch die Apparaturen besaßen. Im Sitzungsprotokoll wurde die Zusammenarbeit empfohlen und vermerkt, dass interessierte Partner weitere Kontakte selbständig aufnehmen sollten. Als solche boten sich Prof. Schreiber aus Halle und Prof. Weiß von der Ingenieurhochschule Wartenberg an. Letzterer trat nach Beendigung der Tagung spontan auf uns zu, schilderte seine Erfahrungen über den Einfluss von Magnetfeldern auf Keimung und Pflanzenwachstum und lud uns für die folgenden Tage zu einem weiteren Gedankenaustausch ein.

In den nächsten Wochen und Monaten fuhren wir wiederholt nach Wartenberg, einem kleinen Dorf am Rande Berlins. Das alte, schlichte Hochschulgebäude fügt sich harmonisch in die umliegenden Wiesen und Felder ein. Die Gespräche mit Prof. Weiß drehten sich vor allem um die biologischen Auswirkungen der Magnetfelder und die von uns beobachteten Phänomene. Dabei spielten auch die Schriften Albert Einsteins eine Rolle, der sich in seinen späten Lebensjahren wiederholt mit der Entstehung des Erdmagnetfeldes und dem Ursprung der kosmischen Strahlung beschäftigt hatte. Eine der interessantesten Hypothesen in diesem Zusammenhang ist die Vorstellung, dass die Erde (und vermutlich viele andere Himmelskörper) deshalb von einem Magnetfeld umgeben sei, weil sie durch die unterschiedlichen Rotationsverhältnisse zwischen Erdkruste und trägeren Innenschichten, einschließlich Kern, eine elektromagnetische Kraft induziert. (Um eine solche Induktion auszubilden, muss der betreffende Himmelskörper jedoch eine Mindestgröße und eine bestimmte Rotationsgeschwindigkeit besitzen. So ist der Mars zu klein, die Venus dreht sich zu langsam, und der Erdmond erfüllt keine der beiden Voraussetzungen.) Ein Forschungsteam unter Prof. Steenbeck, das sich unter anderem mit der Ergründung des vermutlich durch Turbulenzen verursachten Isoliereffekts beschäftigte, gelangte zu der Annahme, dass dem Erdinneren durch sogenannte konvektive Bewegungen eine schraubenähnliche Struktur aufgeprägt sein könnte, wobei – in Anlehnung an die Corioliskraftwirkungen auf die Strömungsverhältnisse der Wetterfronten – auf der nördlichen Hemisphäre vermutlich ein »Linksgewinde« und auf der südlichen ein »Rechtsgewinde« vorherrschen dürfte.

Es erhob sich nun die Frage, ob bei unseren Drehtellerversuchen Interferenzen mit der Drehung eines anderen Feldes, etwa des Erdmagnetfeldes, auftraten. In die Diskussionen darüber bezogen wir auch ein Verfahren ein, das im US-Staat Michigan zur Behandlung von Eiern und Spermaflüssigkeit entwickelt worden war. Die Beschreibung der von Dr. R. D. Amburn eingereichten Patentschrift resümiert die erzielten Ergebnisse: »Die Erfindung umfasst ein Verfahren und eine Vorrichtung zur Behandlung von Spermatozoen mit dem Ziel, deren Aktivität zu erhöhen sowie ein Verfahren zur Erhöhung der Schlupfrate befruchteter Vogeleier (insbesondere weiblicher Vögel). Die Erfindung dient darüber hinaus der Verkürzung der Bebrütungszeit und dem rascheren Wachstum des geschlüpften Vogels. Dieser Effekt wurde durch die magnetische Behandlung der Spermaflüssigkeit sowie der befruchteten Eier weiblicher Vögel erzielt, die mit behandeltem Sperma besamt wurden.«

In der erwähnten Patentschrift wird anhand umfangreicher wissenschaftlicher Studien der letzten Jahre nachgewiesen, dass Magnetfelder einen ausgeprägten Einfluss auf biologisches Wachstum und biologische Aktivität haben. Wie aus der US-Patentschrift 3 675 367 ersichtlich, ist auch die Keimungsgeschwindigkeit von Pflanzensamen sowie die Wachstumsgeschwindigkeit der daraus gezogenen Keimlinge durch Magnetkraft zu beeinflussen. Die optimale Wirkungszeit ist nicht zuletzt von der Stellung der Samenphiole im Magnetfeld abhängig. In einem der Tests wurden 48 Eier zwischen 3 bis 10 Sekunden einem Magnetfeld von 100 Gauß ausgesetzt, wobei die Eier während der gesamten Einwirkungsdauer gedreht wurden. Die Zuwachsrate der erfolgreichen Bebrütungen lag um mehr als 10 Prozent über der der unbehandelten Eier. (Das deckte sich mit unseren Erfahrungen. In einem Fischereizuchtbetrieb der DDR stieg die Schlupfrate ebenfalls signifikant an, als man dort die Spermaflüssigkeit unserer Anweisung gemäß gedreht und erst anschließend mit den Eiern vermischt hatte.)

Bald jedoch spürten wir, dass uns die Debatten in Wartenberg nicht wesentlich weiterbrachten. So demonstrierte Prof. Weiß, dass sich zirkular-polarisiertes Licht in linear-polarisiertes umwandelt, wenn Sonnenlicht von einem Dach reflektiert wird. Das war zwar interessant, nützte uns aber ebenso wenig wie die Aufforderung, Rübensamen angeblich makroskopisch erkennbarer spiegelbildlicher Formen zu sortieren, um bei weiterführenden Untersuchungen unterschiedliche Reaktionen zu testen. Dagegen fanden vereinzelte, zunächst nutzlos scheinende Informationen, wie die, dass in Tbilissi Weizensaat erst wirksam mit Lasern behandelt werden konnte, nachdem man deren Strahlen polarisiert hatte, unsere volle Aufmerksamkeit. Vielleicht lag hier eine weitere Erklärung für die unglückselige Behandlung unserer Patente. Ebenso wie man Wachstum stimulieren konnte, ließen sich ja auch negative Stoffwechseleffekte bis hin zu schweren Degenerationserscheinungen hervorrufen. (Bei unseren längerfristig durchgeführten Versuchen waren bei den der wachstumshemmenden Drehung ausgesetzten Pflanzen plötzlich gehäuft Missbildungen, insbesondere eine deutliche Zunahme monströser Blattformen, aufgetreten.) Alles in allem gewannen wir in Wartenberg jedoch zunehmend den Eindruck, daß Prof. Weiß eher feststellen wollte, inwiefern wir das entdeckte Phänomen bereits selbst erkenntnistheoretisch durchdrungen hatten. Warum er uns unter diesen Umständen so viel seiner kostbaren Zeit opferte, blieb uns zunächst absolut rätselhaft.

Bei einer der zahlreichen Besprechungen verließ unser Gastgeber wie üblich das Zimmer, um Teewasser aufzusetzen. Wir warteten und ließen unsere Blicke gelangweilt durch den Raum schweifen. Dabei entdeckte ich einen kleinen Zettel, der auf dem Schreibtisch lag. Dort stand: »Prämie Wachtel, Hoffmann ...« – und eine Berliner Telefonnummer. Letztere schrieben wir uns ab und griffen, gleich nach unserer Rückkehr, zum Hörer. Es meldete sich eine weibliche Stimme mit der Auskunft »Aufwand 1, Hoffmann«. Wir entschuldigten uns, dass wir uns verwählt hätten und wiederholten den Versuch. Mit demselben Ergebnis. Als wir das Telefonbuch konsultierten, stellten wir fest, dass es sich der Zahlenfolge nach um eine Rufnummer der Regierung handeln musste, die für das öffentliche Netz nicht ausgewiesen war. Nach dieser Entdeckung verhielten wir uns Prof. Weiß gegenüber ausgesprochen zurückhaltend und beendeten bald darauf unsere Besuche in Wartenberg. Die Ergebnisse waren dürftig, die Umstände mysteriös.

Physikalisch-technische Aspekte des Rechts-Links-Problems

Dass die antiken Sonnenuhren bei der Anzeige unserer rechtsläufigen Analoguhren Pate standen, darf vermutet werden. Ebenfalls in die Antike fällt die erste Erwähnung der Archimedischen Schraube (nicht zu verwechseln mit dem mathematischen Ausdruck der Archimedischen Spirale!). Diese ebenso einfache wie sinnreiche Erfindung diente dem kontinuierlichen Wassertransport über geringe Steigungen und fand vorwiegend bei der Bewässerung und Trinkwasserversorgung Anwendung. Mit steter Drehung, zu der man meist Muskelkraft einsetzte, wurde das Wasser in eigens dafür angelegte Verteilerkanäle »geschraubt« (Abb. 59). Diese primitive Konstruktion, die in einigen afroasiatischen Ländern noch heute anzutreffen ist, wurde mit dem Aufkommen der leistungsfähigeren Pumpen allmählich verdrängt.

Die zielgerichtete Nutzung von Schraube und Spirale gab den frühen technischen Entwicklungen einen umfassenden, bis in die Gegenwart reichenden Impuls. Die Entdeckung der Schraube (in ihrer Auswirkung auf die Geschichte der Mechanik noch bedeutsamer als die des Rades) führte von primitiven Knochenbohrern und Harpunen der Altsteinzeit bis zur Konstruktion von Windmühlen und Turbinen, Flugzeugpropellern und Schiffsschrauben. Diese und zahllose andere Anwendungen bedienen sich der Raumseiten Rechts und Links, um entweder eine geradlinige Bewegung in eine Kreisbewegung oder umgekehrt, eine Drehung in eine geradlinige Bewegung zu verwandeln und sie so zur Fortbewegung, zur Energiegewinnung oder zum Bearbeiten von Werkstücken zu nutzen.

Eine der interessantesten Erfindungen in diesem Bereich hatte schon A. Einstein zu einem kurzen Aufsatz mit dem Titel »Das Flettner-Schiff« angeregt. Die beschriebene Antriebsform geht im Wesentlichen auf die von L. Euler und D. Bernoulli aufgestellten

Gesetze für reibungslose Flüssigkeitsbewegungen zurück. Die Möglichkeit einer Realisierung hingegen ergab sich erst seit kurzem durch die Herstellung kleiner Motoren mit hohem Wirkungsgrad. Als grundlegendes Bewegungsprinzip von Flüssigkeiten mit zu vernachlässigender Reibung gilt, dass an Stellen größerer Geschwindigkeit ein kleinerer und an Stellen geringerer Geschwindigkeit ein größerer Druck herrscht. Unter diesem Gesichtspunkt ist auch der Flettner-Zylinder zu betrachten (in der von Einstein übernommenen Skizze von oben gesehen; Abb. 60). Befindet sich der Zylinder in Ruhe und bläst der Wind gleichmäßig aus der angegebenen Richtung, geschieht nichts. Der Wind muss um die Punkte A und B den gleichen Umweg machen, die Strömungsgeschwindigkeit ist an den gekennzeichneten spiegelbildlichen Punkten gleich, mithin auch der dort herrschende Druck. Sobald der Zylinder jedoch im Sinne des Pfeiles P zu rotieren beginnt, wird die Bewegung des Windes durch die Drehbewegung am Punkt B unterstützt und am Punkt A gehemmt, sodass die Strömungsgeschwindigkeit am Punkt B die am Punkt A übertrifft. Folglich wird der Druck bei A größer als bei B sein, und dem Zylinder wird eine von A nach B wirkende Kraft mitgeteilt, die zur Fortbewegung des Schiffes verwandt wird. (Erstmals beobachtet und beschrieben wurde dieses Bewegungsphänomen übrigens von dem Berliner Physiker H.G. Magnus an der seitlichen Auslenkung von Kanonenkugeln, die auch bei völliger Windstille auftrat. Deutlich vermindert finden wir die Erscheinung auch an Tennisbällen.) Verblüffend dabei ist, dass die überdimensionalen Schornsteinen ähnelnden Blechzylinder des Flettner-Schiffs für dessen Vorankommen nur rund ein Zehntel des windwirksamen Querschnitts einer ähnlich effektiven Segeltakelage benötigen. Der Meeresforscher J. Cousteau hatte bereits in den fünfziger Jahren eine Ozeanfahrt mit dem Flettner-Schiff durchgeführt. Später stellte er eine verbesserte Variante als Forschungsschiff seiner »Calypso« zur Seite und berichtet von Energieeinsparungen zwischen 20–30 Prozent!

Nicht die Auslenkung von Kugeln, sondern die eingehende Betrachtung eines Wasserlaufs brachte vor vielen Jahren einen vierzehnjährigen russischen Schüler auf eine Idee, die den Bau von beweglichen Brücken wahrhaft zu revolutionieren verspricht. Der traditionelle Brückentyp, jedem von uns zumindest in Gestalt der Zug-

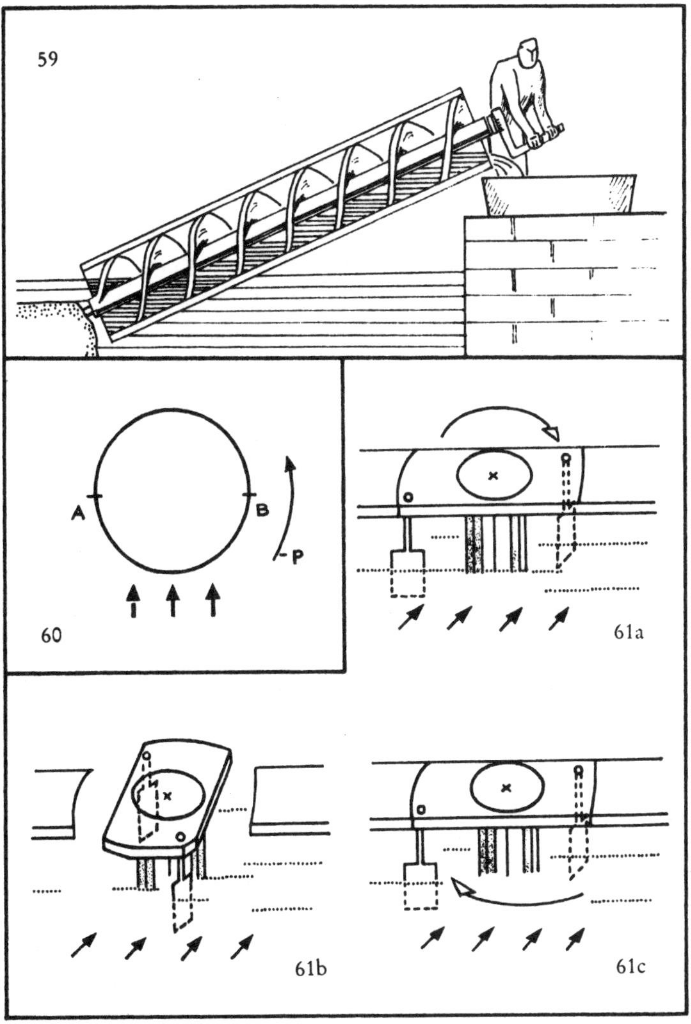

Abb. 59. Archimedische Schraube (nach Birkner); 60. Flettner-Zylinder in der Draufsicht (nach Einstein); 61. Bewegliches Brückenmodell, a) Drehsegment vor dem Öffnen, b) offen, c) wieder geschlossen

brücke altertümlicher Burgen vertraut, findet noch heute überall dort Anwendung, wo Schiffen mit überhohen starren Aufbauten, beispielsweise unserem Flettner-Schiff, die Passage kleiner Kanäle ermöglicht werden muss, welche aus städtebaulichen oder sonstigen Gründen von Straßen überquert werden. So finden wir in Amsterdam zahllose kleinere, in der Regel geteilte Brücken, deren Hälften zur Linken und zur Rechten einstmals mit der Hand, heute oft mit Motorkraft, nach oben gewunden werden.

Das Brückenmodell des jungen Mannes weicht zunächst befremdlich vom traditionellen Bild ab, die Drehung der Brücke erfolgt nicht in der Vertikalen, sondern in der Horizontalen, sie besteht nicht aus zwei Segmenten sondern nur aus einem und auf Motor- oder Muskelkraft kann fast gänzlich verzichtet werden. Statt zweier Winden besitzt das auf einem Mittelpfeiler drehbar gelagerte Brückensegment zwei verstellbare Ruder, die am vorderen linken und hinteren rechten Ende befestigt sind und senkrecht ins Wasser ragen. Soll die Brücke geöffnet werden, stellt man das vordere Ruder quer und das hintere längs zur Strömung (Abb. 61a). Das Wasser drückt gegen die breite Ruderfläche und dreht das Segment solange, bis es im Winkel von 90 Grad, beide Ruder sind längsgestellt, arretiert werden kann (Abb. 61b). Um die Brücke zu schließen, wird das vordere, vorher rechte Ruder quer gestellt, das hintere dem Lauf der Strömung überlassen, und das Drehsegment kehrt in seine Ausgangslage zurück (Abb. 61c). Ein Vorzug dieser Idee liegt auch darin, dass sich das Tempo des Öffnens und Schließens der Brücke in Abhängigkeit von der Strömungsgeschwindigkeit des Wassers, allein durch die Ruderstellung regulieren lässt.

Aber auch die Fließrichtung des Wassers für sich genommen stellte immer wieder einen beliebten Forschungsgegenstand im Rahmen des Rechts-Links-Problems dar. Ebenfalls A. Einstein war es, der sich in einer Untersuchung mit der Mäanderbildung der Flussläufe beschäftigte, dem Phänomen also, dass Wasserläufe nicht immer der Richtung des größten Gefälles folgen, sondern häufig Schlangenlinien bilden. Dabei ging er von der Beobachtung aus, dass die Teeblätter in einer umgerührten Tasse die Tendenz haben, sich in der Mitte des Bodens abzusetzen. Da sich die Flüssigkeit an der Tassenwandung reibt, läuft sie dort mit geringerer Geschwindigkeit um als im Innenbereich. Desgleichen ist die

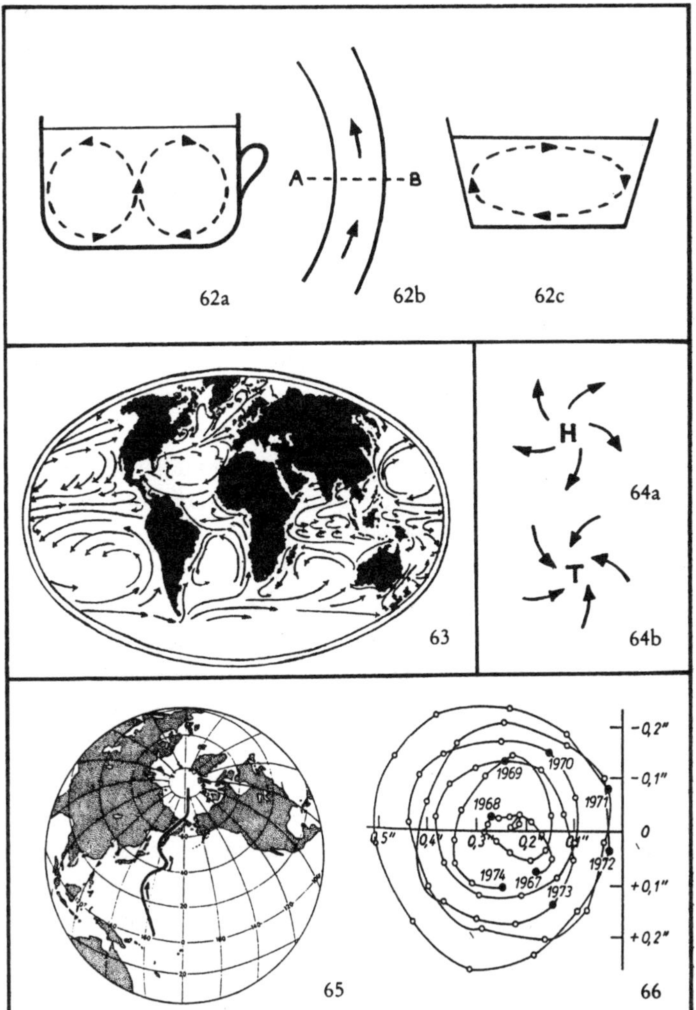

Abb. 62. a) Flüssigkeitsbewegung in einer Tasse, b) Strömung einer Flussbiegung, c) wie b) im Querschnitt (nach Einstein); 63. die wichtigsten Meeresströmungen (schematisiert, nach Schott); 64. Klimawirbel auf der Nordhalbkugel, a) Hochdruck-, b) Tiefdruckgebiet; 65. Wanderung des paläomagnetischen Nordpols in den letzten 600 Millionen Jahren; 66. Polbewegung in den Jahren 1967 bis 1974 nach Angaben des Internationalen Zeitbüros (Nullpunkt: konventioneller mittlerer Nordpol)

Geschwindigkeit am Tassenboden geringer als die im darüberliegenden Bereich. (Das Resultat ist die in Abb. 62a dargestellte Flüssigkeitsbewegung.) Bei einer Flussbiegung (Abb. 62b) wird sich aus ähnlichen Gründen (an der Innenseite wird das Wasser langsamer bewegt, denn von A nach B wirkt eine Zentrifugalkraft) die im Querschnitt dargestellte Zirkulationsbewegung ausbilden. Dabei strömt das Wasser im oberen Bereich (also von A nach B) rascher als im unteren (von B nach A), da sich das Wasser dort direkt über den Flussgrund bewegt. Infolgedessen wird die Erosion an der rechten Seite des Flussbettes ausgeprägter sein als am linken, und auch der rechte Teil des Bodens wird stärker abgetragen werden, sodass die Neigung besteht, das in Abb. 62c gezeigte Flussprofil auszubilden. Durch die Trägheit des strömenden Wassers wird die dargestellte Zirkulation jedoch erst hinter der Flussbiegung am stärksten sein, sodass nun eine die Linksbiegung in Abb. 62b aufhebende Rechtsbiegung entsteht – und umgekehrt.

Diese Mäanderbildung wird durch die Corioliskraft noch zusätzlich befördert. Nach dem Baerschen Gesetz haben Flüsse auf der nördlichen Erdhälfte die Tendenz, auf der rechten Seite zu erodieren, Flüsse auf der Südhälfte verhalten sich entgegengesetzt. Ursache dafür ist die vom Nordpol zum Äquator und vom Südpol zum Äquator zunehmende Rotationsgeschwindigkeit der Erde. (Auf einem beliebigen Punkt des Äquators stehend, würden wir uns in 24 Stunden 40000 Kilometer um die Erdachse bewegen, an einem Punkt am Pol hingegen in den gleichen 24 Stunden nur einmal um uns selbst drehen.) Diese unterschiedlichen Rotationszonen müssen bei längeren Flugrouten in Pol-Richtung berücksichtigt und durch eine entsprechend gedrosselte Geschwindigkeit ausgeglichen werden. In Form des Corioliseffekts – infolge der Erdrotation – wirken sie auf Flüsse und Wasserströmungen (Abb. 63), lassen die Wirbel der Hoch- und Tiefdruckgebiete (hier auf der Nordhalbkugel; Abb. 64) entstehen und sind sogar an der Herausbildung von Zyklonen und Tornados beteiligt, die sich auf der Nordhälfte der Erde entgegen dem Uhrzeigersinn drehen.

Die in diesem Kontext immer wieder aufgeworfene Frage nach der Strudelrichtung des abfließenden Wassers eines Beckens oder einer Wanne kann nach den von A. H. Shapiro angestellten Experimenten so beantwortet werden: Grundsätzlich gilt, dass der

Strudel auf der Nordhalbkugel eine Rechts- und auf der Südhalbkugel eine Linksdrehung beschreiben müsste, aber ... Die diversen »aber« hängen unter anderem vom Wannendurchmesser und von der Einfließrichtung ab. Gerade für letztere haben die Wassermoleküle ein ganz hervorragendes »Erinnerungsvermögen«. Des Weiteren spielt auch die Höhe des Wasserstandes eine Rolle. Unmittelbar vor dem Ausströmen der Flüssigkeit kann sich die Richtung des Strudels nämlich auf geheimnisvolle Art und Weise umkehren.

Selbst für die Entstehung des Erdmagnetfeldes wird die durch die Corioliskraft hervorgerufene Rotation unterschiedlich gearteter mehr oder weniger dickflüssiger Erdinnenschichten verantwortlich gemacht, die dadurch eine elektromagnetische Kraft induzieren. Einen Beleg für diese Hypothese sehen manche Wissenschaftler in dem Umstand, dass die Magnetpole der Erde wandern. Der paläomagnetische Nordpol lag vor etwa 600 Millionen Jahren ungefähr auf dem Äquator (Abb. 65), verschob sich allmählich zum geographischen Pol, beschreibt aber auch heute noch eine deutlich messbare Bahn entgegen dem Uhrzeigersinn (Abb. 66). Der Elektromagnetismus beschränkt sich indes nicht nur auf die Erde. Selbst die Sonne besitzt Magnetpole, die sich aus bislang unbekannten Gründen sogar von Zeit zu Zeit umkehren. Und womöglich wird man eines Tages selbst im Rahmen unserer Milchstraße, die als spiralförmiger Sternennebel eine stete Kreisbewegung vollführt, eine Art elektromagnetische Wechselwirkung nachweisen können.

Das Magnetfeld unseres Heimatplaneten steht mit einer Rechts-Links-Asymmetrie in Verbindung, die vor gar nicht allzu langer Zeit für beträchtliches Aufsehen sorgte – dem Machschen Paradoxon. (Zuvor sei daran erinnert, dass der auf einer Kompassnadel mit »N« markierte Abschnitt in Wirklichkeit ihr magnetischer Südpol ist, andernfalls würde sie schwerlich nach Norden weisen.) Der berühmte deutsche Physiker E. Mach berichtete in seinem 1883 erschienen klassischen Buch zur Mechanik über den tiefen Schock, den der naturwissenschaftlich gebildete Zeitgenosse empfand, als er zum erstenmal von dem seltsamen Verhalten einer auf stromdurchflossenen Leitern liegenden Kompassnadel hörte. Wird ein Draht nämlich in Süd-Nord-Richtung ausgelegt, schlägt die Kompassnadel, je nach Richtung des Stromflusses, einmal nach links und einmal nach rechts aus, weist also im ersten Fall nach Westen,

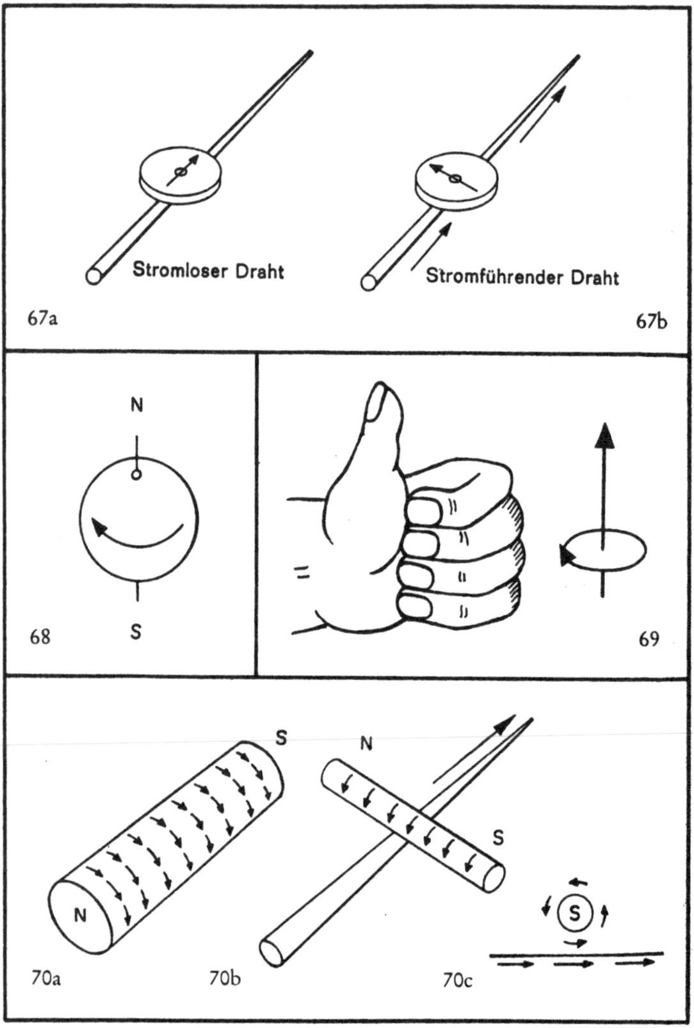

Abb. 67. a, b) Auslenkung der Kompassnadel auf einem stromdurchflossenen Leiter - Machsches Paradoxon; 68. magnetisches Spinmoment des Elektrons; 69. Handregel: hier linkshändige Bewegung; 70. a) symbolische Darstellung eines Stabmagneten, b, c) Wiederherstellung der Symmetrie bei dem Experiment mit Stromleiter und Magnetnadel (nach Gardner)

im zweiten nach Osten (Abb. 67). Den Forschern bereitete dieses Experiment insofern Kopfzerbrechen, als sich das Theorem der völligen Gleichwertigkeit von Links und Rechts unter diesen Umständen kaum aufrechterhalten ließ. Man suchte also fieberhaft nach einer Erklärung, um dem Ideal der vollkommenen Symmetrie, das die Physik seit ihrer Entstehung begleitet hatte, wieder zu altem Glanz zu verhelfen. Die Lösung des Rätsels kam ein halbes Jahrhundert später in Gestalt des noch heute gültigen Bohrschen Atommodells. Die Elektronen umkreisen den Atomkern und vollführen dabei eine zusätzliche Eigenrotation – den Spin (Abb. 68). Dieser Spin wird – in Analogie zur Schraube im technischen Bereich – mit der Linken- oder Rechten-Hand-Regel erklärt. Folgt die angenommene Drehrichtung des Elementarteilchens den Fingern und seine Translation dem aufgestreckten Daumen der geschlossenen rechten Hand, so spricht man von einer rechtshändigen, andernfalls von einer linkshändigen Bewegung (Abb. 69). Durch die Bahnbewegung und den Spin der Elektronen, den übrigens auch andere Elementarteilchen, ja sogar der Atomkern selbst besitzen, werden elektromagnetische Felder erzeugt. Magnetisiert man einen Eisenstab, richten sich die unterschiedlich liegenden Magnetachsen der Elementarteilchen in eine Richtung aus, und es entsteht ein starkes resultierendes Feld. Die Magnetnadel mit ihren einheitlich vertikal kreisenden Elektronen wird sich also so lange drehen, bis der Spin der Elektronen mit dem Stromfluss des unterlegten Drahtes übereinstimmt (Abb. 70a, 70b, 70c).

Damit hatte man sich einer auffälligen Rechts-Links-Asymmetrie im makrophysikalischen Bereich entledigt. Wenige Jahre später sollte das Problem in der Atomphysik erneut auftauchen.

Fehlende Unterstützung und ein Hinweis

Es waren Monate vergangen, und noch immer hatten wir von keinerlei Reaktion seitens des angesprochenen Forschungsrates der Akademie der Wissenschaften gehört. So schlug Dr. Ritschel vor, den Vorsitzenden des Rates, Prof. Steenbeck, persönlich aufzusuchen. Dieser erklärte sich sofort zu einem Treffen bereit und lud uns in seine Amtsräume am Alexanderplatz ein. Prof. Steenbeck war über unsere Arbeiten bestens informiert, erkundigte sich aufmerksam nach Details und ermutigte uns. Während dieses straffen, sachbezogenen Gesprächs betonte der bekannte Physiker, dass er die Erforschung des Linksphänomens für hochinteressant und wichtig halte, warnte jedoch zugleich vor allzu weitreichenden physikalischen Interpretationen. Diese wären in der gegenwärtigen Phase nicht vonnöten und vermutlich kaum zu erbringen. Im Übrigen empfahl er uns, die bisher zusammengetragenen Ergebnisse zu veröffentlichen, da sie nur weltweit aufgegriffen zu einer umfassenden theoretischen Erklärung führen könnten. Ein Land allein sei dazu schwerlich in der Lage. Wir wiesen ihn darauf hin, dass diese Meinung zu den im Patentamt vertretenen Ansichten in krassem Widerspruch stehe. Prof. Steenbeck versprach daraufhin, sich für die Angelegenheit zu verwenden und bot uns weitere Begegnungen an. Davon machten wir auch mehrere Male dankbar Gebrauch.

Als uns das Patentamt auf erneute Intervention schriftlich mitteilte, dass der Vertraulichkeitsgrad unseres Patents jedwede Form wissenschaftlicher Publikation ausschlösse, sprachen wir abermals bei Prof. Steenbeck vor. Wir waren noch nicht dazu gekommen, unser Anliegen vorzutragen, als das Telefon klingelte. Mit dem Hinweis, dass dies ein Direktapparat zum

Ministerrat sei, wurden wir höflich gebeten, den Raum zu verlassen. Als uns Prof. Steenbeck einige Minuten später wieder hereinbat, eröffnete er uns, dass er gerade eben vom Präsidenten des Patentamtes angerufen worden sei. Dieser habe ihm mitgeteilt, dass unsere Patentschrift nicht länger geheim sei. »Aber«, so schloss er, »das ist Ihnen ja gewiss nicht neu.« Auf unsere erstaunte Feststellung, dass wir ihn aufsuchen würden, weil uns ausdrücklich versichert worden war, dass sich an dem unglückseligen Status unserer Arbeit nichts geändert habe, ja wir dies sogar gerade schwarz auf weiß bekommen hätten, reagierte auch Prof. Steenbeck sehr verwundert und meinte nur: »Der Hämmerling bescheißt mich doch sonst nicht ...« Gleich am nächsten Morgen wurde die angebliche Freimeldung des Patents dementiert. Bei anderer Gelegenheit hatten wir festgestellt, dass auch Briefe verschwunden waren. Wir mussten erleben, wie selbst der Vorsitzende des Forschungsrates der Akademie der Wissenschaften hintergangen und getäuscht wurde. Dafür erfuhren wir von Prof. Steenbeck eine andere sensationelle Neuigkeit. Unsere Experimente wurden in abgewandelter Form inzwischen in sowjetischen Raumschiffen unter den Bedingungen der Schwerelosigkeit nachvollzogen. An der Vorbereitung sei unter anderem das Neustrelitzer Institut für Astrophysik beteiligt gewesen. Hier lag womöglich der Schlüssel zu den Mysterien, die uns auf Schritt und Tritt begleitet hatten. Leider konnten wir Näheres nicht mehr erfahren. Prof. Steenbeck starb wenige Wochen darauf und ließ uns mit vielen unbeantworteten Fragen zurück. Wir bedauerten den Verlust dieses großartigen Menschen sehr, der Sachlichkeit, Aufrichtigkeit und kühle Präzision im Denken auch unter komplizierten gesellschaftlichen Bedingungen zu vereinen verstand und uns immer wieder an die Ethik des Wissenschaftlers erinnerte.

Zum Schluss hatte er durch persönliche Einflussnahme noch erreicht, dass das Patent einen niedrigeren Geheimhaltungsgrad erhielt und als »Vertrauliche Dienstsache« eingestuft wurde. Auch erging ein Auftrag an den Vorsitzenden der Biologengruppe des Forschungsrates, Herrn Prof. Taubeneck im Zentralinstitut für Mikrobiologie und experimentelle Therapie, eine eingehende Prüfung unserer bisherigen Tests mit weiteren Schlussfolgerungen zu veranlassen. Dieser Auftrag war über den Minister für Wissenschaft und Technik erfolgt. Leider konnten wir trotz intensiver Bemühungen nicht in Erfahrung bringen, wer mit der Begutachtung betraut worden war, wie wir auch nie zu einem fachlichen Dialog auf dieser Ebene gekommen sind.

Dafür engagierte sich der ärztliche Direktor des Klinikums Berlin-Buch, OMR Prof. Dr. Hendrik, für unsere Arbeit und wandte sich aus eigenem Antrieb an mehrere übergeordnete Stellen, um Unterstützung für uns zu erwirken. Eines Tages erhielten wir einen Brief des damaligen Gesundheitsministers Prof. Dr. sc. Mecklinger, in dem er sich für unsere Untersuchungen bedankte und versprach, eine Prüfung von Experten durchführen zu lassen. Darüber hinaus wurde uns eine Unterredung mit dem Leiter der Forschungsabteilung beim Ministerium für Gesundheitswesen, Dr. B. Schönheit, in Aussicht gestellt.

Im Ergebnis dessen wurden wir am 11. März 1980 zu einer Beratung in das Zentralinstitut für Krebsforschung der Akademie der Wissenschaften eingeladen. Die Veranstaltung verlief jedoch höchst eigentümlich. Der einladende Prof. Dr. Dr. Tanneberger erschien nicht, obwohl er im Hause war. Alle anwesenden Wissenschaftler, Dr. Kreßner aus der Hauptabteilung Forschung des Ministeriums für Gesundheitswesen, Prof. Dr. Schmidt vom Klinikum Buch, Dr. Arndt, Dr. Schwabe und Dr. Tschiersch vom Zentralinstitut für Krebsforschung (ZIK) sowie Prof. Pasternak vom Forschungszentrum für Molekularbiologie an der Akademie der Wissenschaften weigerten sich, die Leitung der Diskussion zu übernehmen und wollten mit dem Thema im Grunde nichts zu tun haben. Auch unsere Bitte, die weitere Arbeit und statistische Absicherung unserer Experimente durch die Lieferung neuer Krebszellkulturen zu unterstützen, wurde mit der Feststellung abgewiesen, dass es erst Hilfe gäbe, wenn unsere Thesen umfassend bewiesen wären. Mein Einwand, dass wir die besagte Unterstützung ja gerade zur weiteren Beweisführung benötigten, fand kein Gehör. Das Zentralinstitut verweigerte aus uns völlig unbegreiflichen

Gründen jede Zusammenarbeit, obwohl wir mit den bisherigen Untersuchungen deutliche Ansatzpunkte für eine unterstützende Krebstherapie geliefert hatten, die zudem durch die Geraer Erfahrungen untermauert worden waren.

Wir wollten uns mit diesem Resultat nicht abfinden und wandten uns deshalb an den ehemaligen Direktor des Krebsforschungsinstitutes Prof. Dr. Graffi, der in der internationalen Krebsforschung hohes Ansehen durch seine Beiträge über den Zusammenhang zwischen Virenbefall und Tumorentstehung genoss. In seinem Haus in Karow bei Berlin kam es zu einem längeren Gespräch, in dem wir unsere Überlegungen ausführlich darlegten. Prof. Graffi fand die Ideen zur Krebsproblematik hochinteressant und bedauerte, dass er nicht mehr Direktor des Instituts sei, da er sonst unverzüglich in eine Zusammenarbeit eingestiegen wäre. Er verlangte, dass die Krebszellentests, die zu stark differierenden Wachstumsreihen auf dem rechten und linken Drehteller geführt hatten (wir legten ihm auch Fotografien des mutierten Untersuchungsguts vor), unbedingt wiederholt werden müssten und verwies uns an seinen Nachfolger, Prof. Tanneberger.

Doch da wurden wir erneut abgewiesen. Obwohl wir mehrere angenommene Patente (unter anderem zur Beeinflussung des Tumorzellenwachstums durch Isomere) vorlegen und unsere Ideen mit erfolgreichen Testserien belegen konnten, wurde uns vom Institut, das jährlich über Millionenbeträge für die Forschung verfügte, eine Unterstützung in Höhe von wenigen Hundert Mark verweigert. Die Gründe dafür waren jedoch vermutlich weniger im Wissenschaftsbereich zu suchen. Darauf machte uns eine entlarvende Bemerkung von Herrn Pobel aufmerksam, der eine im Patentamt begonnene Auseinandersetzung über die mögliche Anwendung in der Krebsforschung unwirsch abbrach und rief: »So lassen Sie doch endlich die verdammte Krebsgeschichte aus dem Spiel, die Verteidigungsproblematik hat Vorrang!«.

Paritätsverletzung in der Atomphysik

Bereits G. W. Leibniz postulierte, dass Links und Rechts physikalisch nicht zu unterscheiden seien. Diese Regel von der Parität wurde lange Zeit als eine der Säulen der modernen Naturwissenschaft angesehen. 1957 nun musste sie von der Liste der allgemeingültigen Gesetzmäßigkeiten gestrichen werden. Was war geschehen? Schuld war eine Gruppe von Elementarteilchen, die Kaonen oder K-Mesonen. Es stellte sich nämlich heraus, dass diese K-Mesonen offenbar zwei verschiedenen Klassen angehören mussten, denn die als Theta-Mesonen bezeichneten Teilchen zerfielen in zwei und die sogenannten Tau-Mesonen in drei Pionen. Das Vertrackte daran war, dass beide Klassen in allen relevanten Parametern, wie Ladung, Masse und Lebensdauer, vollkommen übereinstimmten. Die Kernphysiker suchten fieberhaft nach weiteren Unterscheidungskriterien, denn dass es sich beim Theta- und Tau-Meson um ein und dasselbe Elementarteilchen handeln könnte, welches einmal in eine gerade und einmal in eine ungerade Anzahl von Pionen zerfiel, kam den meisten von ihnen gar nicht erst in den Sinn. Eine Abweichung von der als Universalgesetz anerkannten Paritätserhaltung zu vermuten, wäre etwa ebenso ketzerisch gewesen, wie auf einem Kongress über Gravitationsforschung steif und fest zu behaupten, dass die Äpfel in einer bestimmten Region der Erde grundsätzlich nach oben fallen. Bei der Beschäftigung mit dem Theta-Tau-Problem stellten zwei junge Amerikaner chinesischer Abstammung, die Physiker T. D. Lee und C. N. Yang fest, dass man den Erhalt der Parität offenbar für derart selbstverständlich erachtet hatte, dass noch kein einziges Experiment zu dieser Thematik durchgeführt worden war. Sie forderten zu Untersuchungen auf, die klar und eindeutig belegen würden, ob schwache Wechselwirkungen zwischen Links und Rechts unterscheiden. Ihr Artikel in der »Physical

Review« wurde von manchem Kollegen belächelt, von der Mehrheit jedoch schlicht ignoriert.

Nur wenige waren ernsthaft bereit, sich mit einer solchen Arbeit zu beschäftigen. Unter diesen befand sich die damals wohl prominenteste lebende Physikerin, Frau C.S. Wu von der Columbia-University. Sie führte Experimente mit Kobalt 60 durch, einem hochradioaktiven Isotop, das kontinuierlich Elektronen aussendet. Kühlt man das Kobalt-Isotop bis nahe dem absoluten Nullpunkt ab, lassen sich mehr als die Hälfte der Kerne in einem starken elektromagnetischen Feld einheitlich ausrichten. Die unter diesen Bedingungen ausgesandten Beta-Teilchen werden also nach Norden bzw. Süden ausgesandt. Nach dem Paritätserhaltungssatz hätte die Teilchenstrahlung in beide Richtungen gleich sein müssen.

Da Frau Prof. Wu an ihrer Universität nicht über die Anlagen verfügte, die eine Abkühlung bis nahe Null Grad Kelvin ermöglicht hätten, führte sie ihr bahnbrechendes Experiment am Washingtoner National Bureau of Standards durch. Und ihre Untersuchungen führten zu dem Ergebnis, dass ein Elektron mit größerer Wahrscheinlichkeit nach dem Süden als nach dem Norden eines Kobalt-60-Kerns ausgestoßen wird. Von der Eigenrotation des Atomkerns und dem Spin der Teilchen ausgehend, wurde auch von einer Bevorzugung der linken Seite gesprochen. Damit war das Gesetz von der Erhaltung der Parität über Nacht seiner Allgemeingültigkeit beraubt. Die Natur offenbarte sich plötzlich als Linkshänderin.

Um zu veranschaulichen, welche Bedeutung dieser Entdeckung von Naturwissenschaftlern beigemessen wurde, mögen hier zwei Briefauszüge von W. Pauli, dem namhaften Züricher Professor für theoretische Physik stehen. Pauli schrieb damals, im Januar 1957, wenige Tage vor den von Frau Wu angekündigten Experimenten:

»Ich glaube nicht daran, dass Gott ein schwacher Linkshänder ist, und ich bin bereit, eine große Summe darauf zu verwetten, dass die Experimente Resultate liefern werden, die das Vorhandensein einer Symmetrie belegen.«

Als die sensationellen Ergebnisse der Columbia-University öffentlich bekanntgegeben und durch Kontrollmessungen an My-Mesonen untermauert worden waren, als kurze Zeit darauf auch ein Experiment an der Chicagoer Universität, bei dem der Zerfall von Pi- und My-Mesonen untersucht wurde, nachdrücklich die grundsätzliche Verletzung der Parität im Bereich der schwachen Wechselwirkungen bestätigte, notierte der völlig konsternierte Pauli:

»Jetzt, nachdem die erste Erschütterung vorüber ist, beginne ich zu mir zu kommen. Tatsächlich war alles äußerst dramatisch. Am Dienstag, dem 21., um acht Uhr abends hatte ich vor, eine Vorlesung über die Neutrino-Theorie zu halten. Um fünf Uhr abends erhielt ich drei experimentelle Arbeiten. (Berichte über Versuche zur Parität) [...] Ich bin weniger davon erschüttert, dass Gott die linke Hand bevorzugt, als davon, dass er als Linkshänder die Symmetrie zwischen Rechts und Links beibehält, wenn er sich stark gibt. Kurzum, das eigentliche Problem scheint mir jetzt in der Frage zu liegen: Warum sind starke Wechselwirkungen links-rechts-symmetrisch?«

Sein indischer Berufskollege A. Salam formulierte: »Meines Erachtens haben wir jetzt entdeckt, dass der Weltraum ein schwacher, nur linksäugiger Riese ist.«

Pikanterweise war bereits 1928 eine Verletzung der Parität beim Zerfall eines radioaktiven Isotops entdeckt und beschrieben worden, aber offenbar fügte sich das Ergebnis in keine der damaligen wissenschaftlichen Konzeptionen ein und fiel bald darauf wieder dem Vergessen anheim. Seit 1946 wurden fotografische Aufnahmen angefertigt, die deutlich ein stets wiederkehrendes Ungleichgewicht beim Mesonenzerfall belegten, und Hunderte, ja Tausende Physiker hatten diese Bilder betrachtet, ohne die neu entstehenden Elementarteilchen einmal durchgängig auszuzählen.

Die Versuche von Frau Prof. Wu belegten einerseits, dass man sich das Atommodell fortan nicht mehr als energetische Kugel, sondern eher als Kegel zu denken hatte und ließen andererseits vermuten, dass man nunmehr endlich über eine eindeutige Beschreibung für Rechts und Links verfügte. Wie schon erwähnt, dreht sich die Kompassnadel über einem elektrischen Leiter nach Westen (links), wenn der Stromfluss vom Süd- zum Nordpol geht und nach Osten (rechts), wenn das Umgekehrte der Fall ist. So lassen sich mit Hilfe des nahe Null Grad Kelvin abgekühlten Kobalt-60-Isotops zunächst einmal Nord und Süd und anschließend Links und Rechts definieren. Das Ozma-Problem, das ganze Wissenschaftlergenerationen beschäftigt hatte, schien endlich gelöst. Leider war dem nicht so.

Schon sehr bald fiel bei allen Zerfallsprozessen der Elementarteilchen auf, dass der Wechsel von Rechts nach Links und umgekehrt mit einer Änderung des Vorzeichens der elektrischen Ladung einherging. In unserer Welt ist dieser Wechsel in Bezug auf Vorzeichen, Ladung und Drehrichtung durch die positive Ladung der Protonen und die negative der Elektronen bedingt. In einer als Pendant zu unserer Erde angelegten Antiwelt aus Antiprotonen und Positronen jedoch müsste sich zwangsläufig auch Rechts und Links verkehren. Solche Masseteilchen würden den gleichen Naturgesetzen gehorchen und dieselben Energieniveaus und -zustände wie gewöhnliche Teilchen und Atome besitzen. Um uns mit den Bewohnern einer fernen Galaxis unter diesen Umständen über Rechts und Links verständigen zu können, müssten wir also zunächst einmal klären, ob unsere Gesprächspartner auf einem Materie- oder Antimaterieplaneten leben. Und das möglichst aus der Ferne – denn im ungünstigen Fall würde von unserem Raumschiff nicht viel übrig bleiben. (Bei der Zerstrahlung eines Elektron/Positron-Paares in zwei Photonen wird bekanntlich die gesamte Masse, also Ruheenergie und kinetische Energie der Teilchen, auf einen Schlag freigesetzt.)

Bei eingehenderen Untersuchungen des Beta-Zerfalls entdeckten die Kernphysiker auch zwei neutrale Teilchen, die sich mit Lichtgeschwindigkeit fortbewegen: das Neutrino und das Antineutrino. Da diese Teilchen weder Masse noch Ladung besitzen und überdies nur mit Lichtgeschwindigkeit auftreten, wurden sie oft humorvoll als »reiner Spin« bezeichnet und mit Alices Grinsekatze verglichen – deren Grinsen ja selbst dann noch in der Luft hing, als die Katze selbst längst verschwunden war. (Das Neutrino existiert übrigens nur in der linkshändigen, das Antineutrino nur in der rechtshändigen Form.)

Kaum sieben Jahre später sah man sich einem ganz ähnlichen Dilemma wie dem Sturz der Parität gegenüber – der Verletzung der Zeitumkehr. Der Nobelpreisträger T. D. Lee hatte von der Spiegelung und damit verbundenen Vertauschung der Ladungen gesprochen. Eng verknüpft mit dem Übergang von Teilchen zu Antiteilchen schlossen die Physiker daraufhin auch auf eine gespiegelte Zeit und führten die Zeitumkehr T als Rechengröße ein. 1964 stellte sich nun heraus, dass das durch den K-Mesonen-Zerfall verursachte 3 : 2-Übergewicht ausgestrahlter Pionen nicht nur in eine bevorzugte Richtung, sondern auch in einer bevorzugten Zeit erfolgte. So wurde nachgewiesen, dass der linksgerichtete Zerfall an K-Mesonen ebenfalls zu zwei Pionen führen kann – jedoch etwa $1{,}4 \times 10^3$-mal seltener als zu drei Pionen! Hieraus schlossen viele Forscher auf eine Verletzung der Zeitumkehr und interpretierten dies als nicht mehr und nicht weniger als den experimentellen Nachweis für den bevorzugten Zeitverlauf in unserem Sonnensystem.

Darauf, dass es offenbar energetische Unterschiede zwischen links- und rechtsdrehenden Isomeren gibt, wurde bereits verwiesen. Wie aber lassen sich diese erklären?

Die Wechselwirkungen sämtlicher Elementarteilchen beruhen auf vier verschiedenen Kräften: der Schwerkraft, der für chemische Reaktionen bedeutsamen elektromagnetischen Kraft, der für den Kernzusammenhalt der Atome verantwortlichen starken Kernkraft und schließlich der schwachen Kernkraft. Ende der sechziger Jahre entwickelten die drei Kernforscher St. Weinberg, A. Salam und Sh. L. Glashow eine »Vereinheitlichte Theorie der elektromagnetischen und schwachen Wechselwirkung«, in der sie die sogenannte elektroschwache Kraft zwischen den Elektronen und den Protonen bzw. Neutronen voraussagten. Ihre Theorie, für die sie 1979 den Nobelpreis erhielten, wurde 1983 experimentell bestätigt. Der Kerngedanke, welcher sich auch zur Erklärung für das unterschiedliche Energieniveau zwischen L- und D-Aminosäuren anwenden lässt, lautet vereinfacht: Die elektroschwache Wechselwirkung unterscheidet zwischen Links und Rechts über schwache geladene und schwache neutrale Ströme. Die Stärke dieser Ströme zwischen zwei Elementarteilchen – die man als W- und Z-Kräfte bezeichnet – hängen vom Abstand der beiden Teilchen und von ihren schwachen Ladungen sowie den aus ihnen resultierenden An- bzw. Abstoßungskräften ab. Während die schwache W-Ladung für ein linkshändiges Elektron einen gewissen Betrag hat, ist sie für ein rechtshändiges Elektron gleich null und zeigt deshalb auf Letzteres keine Wirkung (daher auch die Aussendung vorwiegend linkshändiger Elektronen beim Beta-Zerfall).

Z-Ladungen hingegen sind sowohl für links- als auch rechtshändige Elektronen relevant – allerdings unterschiedlich gerichtet. So wirkt die Z-Kraft zwischen hochenergetischen rechtshändigen Elektronen und Atomkern anziehend, für linkshändige aber

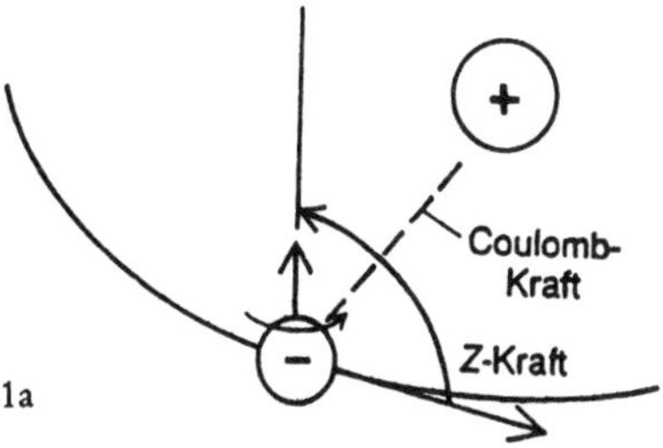

71a

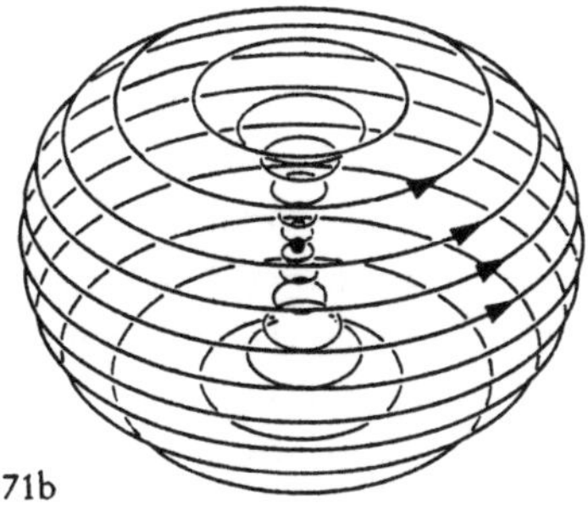

71b

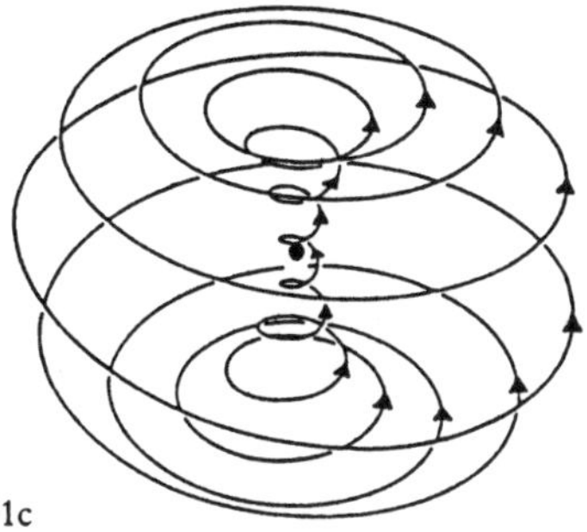

71c

Abb. 71. Wirkung der Z-Kraft, a) auf ein mit Aufwärtsspin um den Atomkern kreisendes Elektron, b) ohne Z-Kraft würde das Elektron eine Kreisbewegung beschreiben, c) durch die Z-Kraft jedoch wird es gezwungen, sich entlang seiner Spin-Achse auszurichten, es entsteht eine Spiralbahn. (nach Hegstrom/Kondepudi)

abstoßend. Die wichtigste Auswirkung der Z-Kraft ist, dass die Elektronen bei ihrer Bewegung um den Atomkern von einer Kreis- (Abb. 71a) zu einer Schraubenbahn (Abb. 71b) übergehen, die das Atom chiral werden lässt (die Rechts-Links-Einstufung einer Kreisbahn hängt, wie wir wissen, vom Standpunkt des Betrachters ab, die einer Schraube nicht). Durch die unterschiedliche Wirkung der Z-Kraft auf links- und rechtshändige Elektronen, weisen die Isomer-Molekülstrukturen geringfügige Differenzen auf: Das L-Isomer liegt energetisch tiefer als das D-Isomer. Freilich ist dieser Unterschied verschwindend gering. St. F. Mason und G. E. Tranter vom Kings-College in London wiesen Mitte der achtziger Jahre anhand von Berechnungen nach, dass die biologisch dominanten L-Aminosäuren einen niedrigeren Energiezustand besitzen als die entsprechenden D-Formen. In einer razemischen Mischung betrug der durch den energetischen Unterschied zu erwartende Überschuss an L-Isomeren allerdings gerade ein einziges auf 10^{17} Moleküle! R. A. Hegstrom und D. K. Kondepudi vom Chemistry Departement der Wake-Forest-University (North Carolina) vertreten in ihren Arbeiten zur Chiralität die Ansicht, dass dieses winzige Gefälle zusammen mit anderen energetischen Faktoren durchaus dazu beigetragen haben konnte, dass sich nahezu homogene linkshändige Bereiche überall dort ausbildeten, wo aus der sogenannten Ursuppe Leben entstand.

Das vorläufige Ende der Arbeiten und die Herausforderung an die Zukunft

Nach der erwähnten Aussprache mit den Landwirtschaftsexperten hatten wir auf Wunsch von Prof. Schreiber dem Institut für Biochemie der Pflanzen in Halle unsere genauen Versuchsbedingungen übermittelt. Es war geplant, die Experimente in Halle zu wiederholen und die Resultate mit den uns vorliegenden Zahlenreihen zu vergleichen. Nach Abschluss der dortigen Laborarbeiten sollten wir laut Vertrag eine Kopie der Untersuchungsprotokolle erhalten. Die pauschale Vorauskunft verwunderte uns in höchstem Maße, denn angeblich wären keinerlei Unterschiede zwischen den rechts- und linksgedrehten Pflanzenproben festzustellen gewesen.

Dr. Ritschel nahm die Protokolle der Versuche am Institut für Biochemie der Pflanzen zum Anlass, sich nach Halle zu begeben, um mit Prof. Schreiber einen Vergleich der experimentellen Daten vorzunehmen. Prof. Schreiber ließ mitteilen, dass er verhindert wäre und verwies ihn an Prof. Semder, der mit der Durchführung der Experimente beauftragt worden war. Dabei kam Folgendes heraus: Im ersten Versuch, bei dem man sich strikt an unsere Vorgaben gehalten hatte, war das Ergebnis dem unseren gleich – das Längenwachstum der Bohnenpflanzen in der rechtsgedrehten Schale war größer als das in der linksgedrehten. Hier die Hallenser Zahlen:

Ruheprobe	linksgedreht	rechtsgedreht
5,5	4,0	6,0
15,0	13,4	14,4
18,0	18,3	19,0

Der zweite Versuch lief über nur 24 Stunden. Nach dieser kurzen Zeit war natürlich keinerlei signifikante Aussage möglich. In allen weiteren Versuchen wurden, entgegen unserer ausdrücklichen Anweisung, Nährstofflösungen zugesetzt, die die geringen Wachstumseffekte überdeckten. Des Weiteren wurden nicht mehr Bohnensamen, sondern eine institutsübliche zweikeimblättrige Testpflanze verwandt, und als ob dies nicht genug wäre, auch noch zusätzliche Rotlichtlampen eingesetzt. Der erste Versuch hingegen, jener also, der unsere Ergebnisse bestätigt hatte, war in Halle nie wiederholt worden – mit der vorgeschobenen Begründung, dass der festgestellte Unterschied auch in einer Streuung im Keimverhalten zu suchen sein könnte! (Diese Möglichkeit hätte in der Tat bestanden, allerdings wäre es ein Leichtes gewesen, sie mit einer entsprechend hohen Anzahl an Versuchspflanzen statistisch auszublenden.) Als wir all diese Einzelheiten erfahren hatten, wussten wir nicht, ob wir lachen oder weinen sollten. Es drängte sich einem jedoch unwillkürlich der Verdacht auf, dass hier ein bestätigendes Resultat nicht erwünscht war. Unsere Ergebnisse waren also trotz anfänglich entgegengesetzt lautender Angaben nicht widerlegt worden.

Nun sind Organismen im Allgemeinen, Windegewächse jedoch in besonders hohem Maße, chiral geprägt. Mithin wäre es ausgesprochen erstaunlich, wenn ein von Natur aus linksdrehender Bohnenkeimling, der einmal in und einmal entgegen seiner Wachstumsrichtung gedreht wird, auf den beiden mit gleicher Geschwindigkeit rotierenden Drehtellern *kein* unterschiedliches Wachstumsverhalten zeigen würde! Um zu aussagekräftigeren Resultaten zu kommen, verwandten wir daher für spätere quantitative Vergleichsuntersuchungen atmende Hefezellen. Diese vermehrten sich stärker bei Linksdrehung. Bereits Pasteur hatte festgestellt, dass sich bestimmte Hefen nur von einer optischen Variante der Weinsteinsäure nähren und somit gleichfalls über eine deutliche Rechts-Links-Asymmetrie verfügen müssen. Wenn sich jedoch atmende Hefezellen bei Linksdrehung und (wie gleich zu erfahren) gärende bei Rechtsdrehung tatsächlich stärker vermehren, hätte der Mensch hier eine bislang völlig ungenutzte Möglichkeit, mit primitivsten physikalischen Mitteln die Geschwindigkeit hochkomplizierter biochemischer Prozessabläufe entscheidend mitzubestimmen.

Am 25. September 1980 erhielten wir einen Brief von Prof. Taubeneck aus Jena, in dem er uns mitteilte, dass er vom stellvertretenden Minister für Wissenschaft und Technik, Dr. Hilpert, in seiner Eigenschaft als Vorsitzender der Biologiegruppe des Forschungsrates aufgefordert worden war, die Problematik der aufgezeigten Wachstumsbeeinflussung in einer Expertenberatung zu behandeln. Ferner sollten in seinem Institut mehrere Mikroorganismenversuche durchgeführt werden, um zu einer Überprüfung unserer Arbeitsaussagen zu kommen. Wir übermittelten eine Dokumentation unserer bisherigen Ergebnisse und beschrieben den genauen Versuchsablauf.

Die Hefezellenversuche in Jena fanden dann aber trotzdem unter anderen Bedingungen statt. Dr. Jakob aus Jena, der die Experimente durchführte, hatte die Zellen unter Luftabschluss aufbewahrt, so dass die Versuche letztlich nicht mit atmenden, sondern mit gärenden Hefezellen durchgeführt worden waren. Interessanterweise kam der Mitarbeiter von Prof. Taubeneck auch dabei zu einem deutlichen Wachstumsgewinn, allerdings nicht auf der linken, sondern auf der rechten Scheibe! Aber anstatt diese Asymmetrie ernsthaft zu untersuchen und auszuwerten, wurde sie als »Gegenbeweis« für das von uns beobachtete, entgegengesetzt gerichtete Phänomen bei atmenden Hefezellen verwandt!

Nach einer Vorbesprechung in Jena fand dann am 4. Juni 1981 die angekündigte Beratung zum Erfindungskomplex »Beeinflussung der Entwicklung räumlich orientierter Materiebausteine« im Institut für Biochemie der Pflanzen der Akademie der Wissenschaften in Halle statt. Anwesend waren Prof. Taubeneck als Tagungsleiter, Prof. Schreiber vom Institut für Biochemie der Pflanzen in Halle, Prof. Hendrik vom Klinikum Berlin-Buch, Prof. Höhne vom Zentralinstitut für Molekularbiologie Berlin, Dr. Heitmann vom Institut für Technische Mikrobiologie Berlin, Dr. Jakob aus Jena, unsere Laborantin Frau Zschieschang, Dr. Ritschel und ich.

Nach Darlegung unserer Standpunkte kam es zu einer kontroversen Diskussion, in deren Verlauf der Vorwurf fehlender statistischer Signifikanz wiederholt wurde.

Da dies vorauszusehen war, hatten wir in den vorangegangenen Wochen erneut umfassende Versuche mit atmenden Hefezellen durchgeführt. Dabei verwendeten wir Reinkulturhefen aus dem Bezirkshygieneinstitut Berlin-Pankow. Die Keimfreiheit erleichterte die Untersuchungen und ermöglichte den Einsatz von Zählkammern. Um subjektive Fehler so gering wie möglich zu halten, zogen wir für die Zellzahlmessungen der Kontrollversuche unterschiedliche Personen heran.

Aus den Ergebnissen errechneten wir, dass mit 99,9-prozentiger Wahrscheinlichkeit ein Unterschied zwischen dem Zellwachstum der links- und der rechtsgedrehten Schale vorlag. Durch Extinktion im sichtbaren Wellenlängenbereich des Lichtes wurden die Werte der Messreihen zusätzlich objektiviert. Das Wachstum auf der linksgedrehten Scheibe war eindeutig stärker. Dieses Ergebnis konnte an weiteren Versuchsserien mit bis zu 108 Beobachtungen bestätigt werden. Eine schriftliche Dokumentation sämtlicher Daten, die nunmehr den sicheren statistischen Nachweis aufzeigten, hatten wir nach Jena mitgenommen. Diese legten wir dem Gremium mit der Bitte um Kenntnisnahme vor. Prof. Taubeneck aber ignorierte unsere Bitte, ja er schlug die Unterlagen mit dem von ihm selbst geforderten Nachweis nicht einmal auf!

Prof. Hendrik, der Ärztliche Direktor des Klinikums Berlin-Buch, bemühte sich im Verlauf der Diskussion mehrmals darum, dass die von uns begonnenen Arbeiten zur Krebsproblematik an seiner Einrichtung offiziell weitergeführt werden könnten. Dazu versuchte er, die notwendige Unterstützung durch den Forschungsrat zu erreichen (und zwar bei Abtrennung aller anderen Themen, die von der Patentanmeldung eventuell sonst noch berührt wurden). Seine Forderungen und Vorschläge wurden rundweg abgelehnt.

Die Mehrheit der Tagungsteilnehmer gelangte zu der Auffassung, dass die von uns beobachteten Effekte in keinem kausalen Zusammenhang mit bekannten naturwissenschaftlichen Tatsachen stünden. Weitere Versuche würden einen sehr hohen geistigen und materiell-technischen Aufwand bedeuten, für den es in der Arbeitsgruppe der Erfinder keine Voraussetzungen gäbe und der auch an anderer Stelle nicht zu vertreten

Versuchs-Nr.		Messung nach Tag	Messwert Links (l)	Messwert Rechts (d)	Normierung l/d
1	1	2	0,535	0,480	1,115
2		3	0,540	0,470	1,149
3		4	0,550	0,555	0,991
4		7	0,985	0,905	1,088
5	2	2	0,535	0,495	1,081
6		3	0,540	0,525	1,029
7		4	0,780	0,730	1,068
8		7	0,920	0,880	1,045
9	3	2	0,550	0,480	1,146
10		3	0,545	0,460	1,185
11		4	0,575	0,515	1,117
12		7	0,960	0,850	1,129
13	4	2	0,535	0,515	1,039
14		3	0,515	0,610	0,844
15		4	0,670	0,650	1,031
16		7	0,800	0,785	1,019
17	5	2	0,585	0,585	1,000
18		3	0,640	0,605	1,058
19		4	0,755	0,700	1,079
20		7	0,935	0,875	1,069
21	6	2	0,600	0,570	1,053
22		3	0,655	0,605	1,083
23		4	0,760	0,700	1,086
24		7	1,150	1,150	1,000
25	7	2	0,610	0,560	1,089
26		3	0,645	0,610	1,057
27		4	0,750	0,755	0,993
28		7	0,890	0,900	0,989
29	8	2	0,610	0,615	0,992
30		3	0,645	0,660	0,977
31		4	0,720	0,740	0,973
32		7	0,840	0,840	1,000
33	9	2	0,615	0,585	1,051
34		3	0,645	0,610	1,057
35		4	0,715	0,655	1,092
36		7	0,830	0,725	1,145

wäre. Aufgrund dieser Einschätzung wurde im Abschlussprotokoll die Empfehlung ausgesprochen, die Bearbeitung des Erfindungskomplexes nicht in die Pläne für Forschung und Entwicklung aufzunehmen.

Wenige Tage später wurden uns alle weiteren Versuche im Klinikum untersagt.

Für uns bedeutete dies den härtesten Schlag in all den Jahren verzweifelten Anrennens gegen unsichtbare Wände. Waren wir wirklich in die Irre gegangen, hatten wir in unzulässiger Weise verallgemeinert oder sollte hier ein Projekt abgewürgt und aus der öffentlichen Diskussion genommen werden, das andernorts längst für geheime Forschungen genutzt wurde?

Wir vermochten es nicht zu sagen, denn eine unterstützende Auseinandersetzung mit unseren Arbeiten hatte zu selten stattgefunden und eine Fortführung der Experimente war unter den Bedingungen des zentralistisch gesteuerten Wirtschaftsbetriebes nicht möglich. So blieb uns nur die Chance, in individuellen Gesprächen, wie jüngst mit Nobelpreisträger Prof. M. Eigen vom Max-Planck-Institut in Göttingen, unsere Positionen darzulegen und weitere Forschungen auf diesem Gebiet anzuregen. Noch immer klingt uns ein Satz von Prof. Steenbeck im Ohr: »An diesem Problem werden Wissenschaftler der ganzen Welt noch in hundert Jahren ihr Brot verdienen.«

Exkurs

Links = weiblich? Gedanken zu einem Mythos

H. Weyl verdeutlichte die Zwitterstellung der Rechts-Links-Polarität zwischen Mythos und Wissenschaft an einer Gegenüberstellung der Aussagen von I. Kant und G. W. Leibniz:

»›Kants Ansicht scheint die folgende gewesen zu sein: Wenn der erste Schöpfungsakt Gottes die Erschaffung einer linken Hand gewesen wäre, dann hätte diese Hand, selbst zu einer Zeit, wo sie sich mit nichts anderem vergleichen ließ, den spezifischen Charakter von Links besessen, welcher nur anschaulich, aber niemals begrifflich erfasst werden kann. Leibniz widerspricht: Seiner Meinung nach hätte es keinen Unterschied gemacht, wenn Gott zuerst eine ›rechte‹ statt einer ›linken‹ Hand geschaffen hätte. Man muss die Schöpfung der Welt einen Schritt weiter verfolgen, ehe ein Unterschied zutage treten kann. Hätte Gott, anstatt erst eine linke und dann eine rechte Hand zu schaffen, mit einer rechten angefangen und dann noch eine rechte gebildet, so hätte er den Weltenplan nicht im ersten, sondern im zweiten Akt verändert, durch das Hervorbringen einer Hand, die zu dem erstgeschaffenen Exemplar gleichsinnig anstatt gegensinnig gewesen wäre. Das wissenschaftliche Denken stellte sich auf Leibnizens Seite. Das mythische Denken hat immer die entgegengesetzte Ansicht vertreten ...«

Die Verbindung der Rechts-Links-Polarität mit mystischen Vorstellungen von Leben und Tod klang verschiedentlich kurz an. Auch die invers gewundene Schnecke, die Wischnu in einer seiner vier Hände, deren Inkarnation Krischna stets in der linken Hand trägt, wird als ein Symbol des ewigen Kreislaufs von Leben, Tod und Auferstehung interpretiert. Die Gleichsetzung zwischen Leben-Tag-Rechts und Tod-Nacht-Links, die der holländische Ethnologe A. C. Kruyt von den Begräbnisriten der Indonesier der mittleren Celebes-Insel beschrieb, begegnet uns auch in europäischen Vorstellungen.

Häufig sogar um die Geschlechtskategorien ergänzt. Die Sonne wurde demzufolge von Ra bis Apollon als männlich verstanden (frz. le soleil, span. el sol) der Mond (la lune, la luna) dagegen erscheint, beispielsweise in Gestalt der griechischen Selene, als weibliche Göttin (siehe auch Abb. 43). Bei der Versinnbildlichung der scheinbar rechtsläufigen Sonne und der als links aufgefassten Erde besaß letztere die weibliche Qualität. Wohl nicht zuletzt infolge alter Fruchtbarkeitsriten (vergleiche »Mutter Erde« und »Muttererde«). Und auch Eva wurde aus einer linken Rippe Adams geschaffen. Für die Zuordnung Links = weiblich gab es aber auch ganz praktische Motive. Schon in frühester Zeit wurde das Gewand der Frau mittels einer Spange über der linken Schulter zusammengehalten. Das ermöglichte ihr, den Säugling, wie auf Marienbildern dargestellt, im linken Arm zu tragen, wobei die rechte Hand für anderweitige Tätigkeiten frei blieb. Der Umhang des Mannes hingegen durfte beim Griff nach dem linksgegürteten Schwert nicht im Wege sein und war demzufolge über der rechten Schulter zusammengesteckt. Ein Relikt dieser historischen Trachtenordnung findet sich in der linken bzw. rechten Knopfleiste der zeitgenössischen Frauen- und Männermode. Auch auf dem Doppelthron saß der Herrscher – vom Untertan aus gesehen – rechts, die Herrscherin links. Anzumerken bleibt, dass die mit Links so häufig verbundene Negativvorstellung nach J. J. Bachofen in den Zeiten des Matriarchats und der mit ihm einhergehenden Höherbewertung der Frau, deutlich zurückgegangen sein soll.

Die Verknüpfung von Rechts und Links mit den Geschlechtskategorien taucht seit Jahrhunderten immer wieder als halb mystisches, halb wissenschaftliches Thema auf und erhielt in verbrämter Form neue Nahrung, als J. W. Goethe 1831 seine Schrift über die »Spiraltendenz in der Vegetation« veröffentlichte, in der er das männliche »vertikal aufsteigende, verharrende« Prinzip dem »spiralig fortschreitenden, vermehrenden und ernährenden« weiblichen gegenüberstellt.

Schon E. Moevus entdeckte, dass die Herausbildung der geringfügigen Geschlechtsunterschiede bei der Grünalge Chlamydomonas durch die rechte und linke Form ein und derselben Substanz hervorgerufen wird, während ein stickstoffreiches Medium eine ausschließlich vegetative Vermehrung bewirkt. Aber auch von nachträglichem Geschlechtswandel wird berichtet. Und zwar nicht nur bei niederen Lebensformen! So begann die etwas behäbige Henne des Prof. F. A. E. Crews von der Universität Edinburgh, die lange Zeit fleißig Eier gelegt hatte und mehrmals Mutter geworden war, sich im Verlauf weniger Monate in ungewöhnlicher Weise zu verwandeln. Ihr wuchs ein kammähnlicher Kopfschmuck und statt ihren Mutterpflichten nachzukommen, krähte sie mit heiserer Stimme die aufgehende Sonne an. Schließlich stellte sie sogar anderen Hennen nach und befruchtete deren Eier, aus denen dann auch tatsächlich Kücken schlüpften. Die Ursache dieser rätselhaften Metamorphose konnte erst nach dem Tod des inzwischen weltberühmten Vogels entdeckt werden. Der Eierstock war durch eine starke Tuberkulose zerstört worden. An der Wand des Eierstocks aber hatte sich ein männlicher Samenleiter gebildet. Eine weitere natürliche Geschlechtsumwandlung, über die A. W. Haslett in seinem Buch »Ungelöste Probleme der Wissenschaft« berichtet, findet sich bei einer verbreiteten Meereskrabbenart. Hier sind es die heranwachsenden Männchen, die durch starken Parasitenbefall zuweilen weibliche Geschlechtsmerkmale ausbilden sollen.

Bei diesen Beispielen stellt sich unwillkürlich die Frage nach den Gründen, die zur Herausbildung der Zweigeschlechtlichkeit führten. Zweifellos sind hochspezialisierte Organismen anfälliger gegenüber einschneidend veränderten Umweltbedingungen (Klimaschwankungen, Nahrungsmangel, Aufkommen natürlicher Feinde). Darüber hinaus haben sie längere Vermehrungszyklen. Es bestand also durchaus die Notwendigkeit, den Prozess der Sammlung lebenswichtiger neuer Erbinformationen auf zwei Individuen aufzuteilen und dadurch einschneidend zu verkürzen. Das erhöhte zudem die Mutationsrate und beschleunigte die Anpassungsfähigkeit. Fällt trotzdem einmal das eine oder andere Individuum einer sich sexuell fortpflanzenden Tierart vor der Geschlechtsreife aus, führt dies nicht notwendigerweise auch zu einer Verringerung des Nachwuchses (was bei ungeschlechtlicher Vermehrung unweigerlich der Fall wäre). Die Natur bedient sich also eines recht komplexen Sicherungssystems, um ihre hochspezialisierten Schöpfungen vor dem Untergang zu bewahren. Die Frage ist nun, ob es dabei zu über die Geschlechtsfunktionen hinausreichenden Unterschieden zwischen dem männlichen und weiblichen Part kommt, die sich mit den mythischen Kategorien in Einklang bringen lassen.

V. Franz wies in seinem 1924 erschienenen umfänglichen Werk »Geschichte der Organismen« in einer Nebenbemerkung darauf hin, daß die ursprünglichsten Reste der in den Silurmeeren stark verbreiteten Graptolithen (laubsägeblattförmige Anhängsel an quallenähnlichen Schwimmkörpern, Abb. 78) gerade waren, sich im Verlaufe der Evolution erst gekrümmte und schließlich spiralige Strukturen herausbildeten (Abb. 79). Dabei besteht in einem von gleichbleibenden äußeren Faktoren geprägten längerfristigen Zeitraum ein direkter Zusammenhang zwischen Höherentwicklung und Anzahl der Umgänge. Das ist auch nicht allzu verwunderlich, streiften die Graptolithen doch wie Nesselfäden durch das Wasser, um Kleinstlebewesen zu fischen, profitierten also von einer größeren Oberfläche. Interessant wird es jedoch, wenn wir die an sich banale Tatsache, dass eine unter gleichen wachstumsbefördernden Voraussetzungen entstandene längere Spirale entwicklungsgeschichtlich höher steht als eine kürzere, mit einem anderen Phänomen der Urmeere in Zusammenhang bringen – dem Sexualdimorphismus der Kopffüßer. Insbesondere bei den Ammoniten unterscheiden sich die winzigen männlichen Tiere von den riesenhaften weiblichen so sehr, dass sie anfänglich getrennten Arten zugeordnet wurden (Abb. 80). Dabei stimmen beide Geschlechter im Jugendstadium größenmäßig überein. Das Ammonitenweibchen wächst jedoch später weit über das Männchen hinaus, erreicht also mehr Umgänge!

Nun brauchte uns dieser 150 Millionen Jahre zurückliegende Größen- und Entwicklungsunterschied nicht sonderlich zu beschäftigen, wenn wir dergleichen nicht auch an zahlreichen lebenden, insbesondere den völkerbildenden Tierarten beobachten würden. Bei vielen Ameisen wird die Königin nur ein einziges Mal befruchtet und legt dann bis an ihr Lebensende Eier. Die schmächtigen geflügelten Freier hingegen sterben meist unmittelbar nach dem Hochzeitsflug. Termitenköniginnen legen alle paar Sekunden ein Ei und können mit ihrem aufgedunsenen Hinterleib gigantische Ausmaße erreichen. Das Männchen ist daneben kaum wahrzunehmen. Auch, dass die Bienenkönigin die normalen Arbeitsbienen an Größe übertrifft, dürfte bekannt sein. Ebenso, dass

78

79a 79b 79c

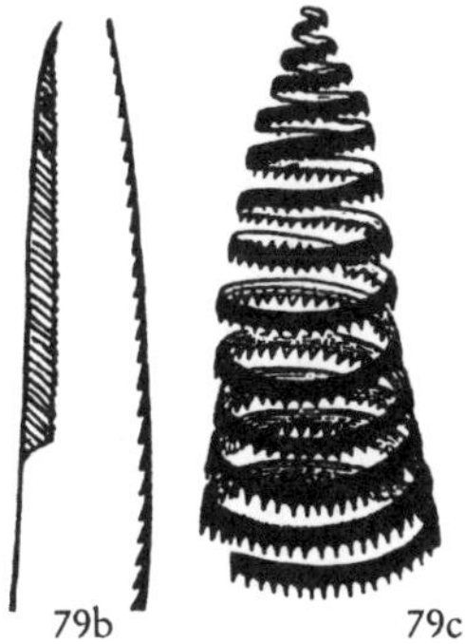

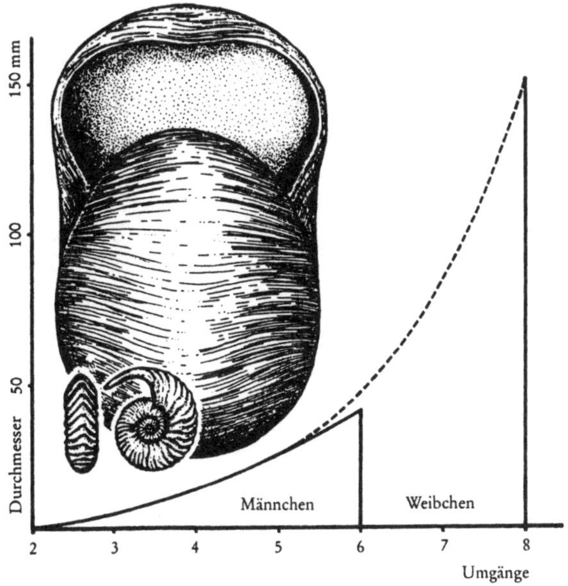

80

Abb. 78. Graptolithen-Großkolonie (Diplograptus) (nach Hundt); 79. Formenentwicklung der Graptolithen, a) Monograptus nilssoni, b) Monograptus colonus, c) Monograptus turriculatus (nach Zittel); 80 Sexulaldimorphismus der Ammoniten: Weibchenschale und Männchenschale von Quenstedtoceras vertumnum (nach Makowski)

die aus unbefruchteten Eiern schlüpfenden Drohnen nach der Begattung, bei der sie ihr Glied einbüßen, an ihrer tödlichen Wunde zugrundegehen. Die Überlebenden werden von den anderen Bienen des Amazonenstaates als unnütze Fresser aus dem Stock gejagt.

Ein ähnlich rabiates Geschlechterverhalten begegnet uns aber auch bei Tieren in Partnerehe. So verspeist die schwarze Witwe ihr Spinnenmännchen nach der Paarung, um dem Nachwuchs auf diese überaus praktische Weise proteinreiche Nahrung zuzuführen. Bei den Tiefsee-Anglerfischen (Ceratiidae) lässt das Weibchen das zwergenhafte Männchen durch seine lederartige Haut am eigenen Blutkreislauf schmarotzen, bis es festwächst, Zähne, Augen und Flossen einbüßt und von seiner Gefährtin im wahrsten Sinne des Wortes durchgefüttert wird. (Wahrscheinlich damit sich die beiden in der nachtschwarzen Tiefsee nicht wieder verlieren.) Bei der amerikanischen Rennechsenart Cnemidophorus uniparens wurde im Verlaufe der Evolution gänzlich auf die Männchen verzichtet – die Echse pflanzt sich durch Jungfernzeugung (Parthogenese) fort. Das heißt, der Nachwuchs schlüpft aus unbefruchteten Eiern! Und zwar handelt es sich dabei wieder nur um Weibchen! Erwachsen vollführen sie zur Steigerung ihrer Fruchtbarkeit eine Art lesbisches Liebesritual, über das eine radikale Frauenzeitschrift vor kurzem genüsslich berichtete.

Auch bei Haustruthühnern kommt Jungfernzeugung in Gefangenschaft gelegentlich vor. Das Seepferdmännchen bekommt gar den Laich des Weibchens in die Brusttaschen gelegt und hat die Brutpflicht zu übernehmen. Und selbst bei den eher die Mehrzahl bildenden Fällen, in denen das Männchen größer und kräftiger als das Weibchen ist, lässt sich bei eingehenderer Beobachtung oft feststellen, dass dieses Verhältnis aus der Schutz- oder Transportfunktion des Männchens resultiert. So darf der südamerikanische Herkuleskäfer die Lebensgefährtin in seinem gewaltigen Chitinschnabel mit sich herumtragen, beim Schistosomenpaar (dem Erreger der nach ihm benannten Tropenkrankheit) wird das Wurmweibchen vom Männchen wie von einem Futteral umhüllt, transportiert und fortwährend begattet, um bei den periodischen Ausflügen in die feinen Blutgefäße des Wirtskörpers Tausende von Eiern ablegen zu können.

Der kräftigere Körperbau und die meist auffälligere Färbung des Männchens dienen zugleich dem Balzverhalten, das davon bestimmt ist, Stärke als Schutz und Gesundheit als Überlebensfaktor anzubieten. Und zwar sowohl für die Partnerin als auch (in Form der beizusteuernden Erbmasse) für den Erhalt des Nachwuchses und der gesamten Art. Bei der Paarung selbst jedoch besteht Damenwahl. So müssen Frösche und Hirsche bis zur totalen physischen Erschöpfung Eindruck auf die Auserwählte schinden, bis diese sich gnädig zur Paarung bereit erklärt – falls das Quaken oder Röhren des Konkurrenten nicht lauter schallt. Stichlingsweibchen bevorzugen Männchen mit gesunder tiefroter Bauchfärbung, Wildhühner Hähne mit großen purpurnen Kämmen, Rauchschwalbendamen wählen die Herren nach der Länge der Schwanzfedern aus. Diese Merkmale bezeugen, dass der Gatte bei voller Gesundheit ist und nicht etwa an Parasitenbefall leidet.

Die Männchen der Feuerkäfer balgen sich gegenseitig darum, die Auserwählte an ihrer Hirnspalte saugen zu lassen, damit diese beim Geschlechtsakt auch stillhält, und die phantastisch anmutenden Kopulationsorgane der polygamen Affen erleichtern es der Partnerin, die unerwünschte Paarung zu verhindern bzw. ihre Eier nur bei höchster eigener Stimulanz freizugeben. Der Evolutionsbiologe T. Eisner von der Cornell-University, der die aufgeführten Beispiele zum Balzverhalten in der »Nature« zusammentrug, kommentierte seine Ergebnisse lakonisch mit den Worten: »Sperma ist billig, Eier sind teuer – das ist der grundlegende Unterschied zwischen Mann und Frau.« (Wir werden uns also an den für die männliche Eitelkeit nicht sonderlich schmeichelhaften Gedanken zu gewöhnen haben, dass die Genese des Mannes seiner Ontogenese folgt, mit einem Wort: dass nicht Eva aus Adams, sondern Adam aus Evas Rippe entsprang.)

Die Weiblichkeit scheint sich ihrer Bedeutung auch durchaus bewusst zu sein, wie ein in Moskau durchgeführtes und seitdem vielfach wiederholtes einfaches Tierexperiment bewies. Dazu waren sechs Mäusepaare in einen dunklen Raum gebracht worden, der ein zentimetergroßes Schlupfloch zum hell erleuchteten Nachbarzimmer aufwies. In diesem saß eine Katze. Nach einer knappen halben Stunde waren sämtliche männlichen Mäuse ihrer Neugier zum Opfer gefallen. Die sechs Weibchen hingegen erfreuten sich bester Gesundheit, hockten in ihrer dunklen Zimmerecke und harrten der Dinge.

Geschlechtsspezifische Verhaltensweisen zu interpretieren, ist meist ein sehr unsicheres Unterfangen. Nichtsdestoweniger spräche der geschilderte Mäuseversuch wohl am ehesten dafür, dass die Aufteilung der Sammlung von neuen Erbinformationen für die sexuelle Fortpflanzung nicht, wie lange Zeit angenommen, zu gleichen Teilen erfolgt, sondern dem Männchen dabei eine Art Lotsenfunktion zukommt. So werden Männchen von der Natur in größerer Anzahl und Verschiedenartigkeit, allerdings auch mit geringerer Lebenserwartung hervorgebracht. Beim Menschen beispielsweise kommen auf 100 geborene Mädchen etwa 105 geborene Knaben – der Unterschied gleicht sich durch die höhere Sterblichkeit der Jungen bis zur Geschlechtsreife aus. Statistische Jahrbücher belegen, dass sich die Geburtenrate von Jungen gegenüber Mädchen nach verheerenden Kriegen signifikant erhöhte! Auch die durchschnittliche Lebenserwartung der Frau liegt in der Regel Jahre über der des Mannes. Frauen sind darüber hinaus in Extremsituationen (Hunger, Kälte, Hitze), rein physisch gesehen, überlebensfähiger als Männer. Wenn Männer andererseits die Rekorde an Langlebigkeit halten, so zeugt das lediglich davon, dass sie sich stärker unterscheiden als Frauen, um ihre speziellen Aufgaben in der Evolution zu erfüllen. Die Geschichte des wechselnden Verständnisses, oder besser Missverständnisses, eben jener evolutionären Aufgaben des Mannes, ist eine der tragischsten unseres Planeten. Schon der Verhaltensforscher K. Lorenz wies eindringlich darauf hin, wie sich der Schutz der Familie und der Horde beim Höhlenmenschen (bei Angriffen wurden Frauen, Greise und Kinder in die Mitte genommen) verselbständigte zu Raub- und Rachefeldzügen gegen andere Sippen (bei denen die Familie zurückgelassen wurde). Schließlich wich selbst der sinnlich empfundene Anlass für einen solchen Überfall der Befehlshierarchie einer modernen Armee, bei der der Einzelne für Werte in einen Angriffskrieg zieht, die ihn im Grunde nicht mehr sonderlich berühren, er also von vornherein weiß, dass er persönlich nichts gewinnen, aber alles verlieren kann. Durch ihre stärker auf die Verknüpfung von Rationalem und Emotionalem ausgerichtete Denkstruktur waren Frauen zu einer derartigen Schizophrenie seit jeher schlechter befähigt. (Darauf, dass sich bei Mädchen zunächst die linke, bei Jungen die rechte Hirnhälfte stärker entwickelt, wurde bereits im Kapitel »Funktionale Asymmetrien« verwiesen, ebenso auf die geschlechtsspezifischen Unterschiede in der Arbeitsweise des Gehirns von Mann und Frau.) Zudem kam ihnen auch ihr biologischer Eigensinn, Leben lieber geben als nehmen zu wollen, in die Quere. All das macht Frauen, sofern sie nicht etwas zu beschützen haben, als Soldaten tendenziell ungeeignet. (Es sei denn, sie fügten sich in einen psychologischen Rollenwechsel, der in der Tat bessere Verdrängungsmechanismen erfordert.) Darüber hinaus stellen sie innerhalb der männlich hierarchischen Machtstrukturen – die von einer Zwei-Drittel-Gesellschaft der Starken ausgehen, den Egoismus des Einzelnen predigen und sich mit einem komplizierten Netz von Statussymbolen umgeben – sowohl mit ihrer ganzheitlichen Sicht, dass auch das hässlichste und ungeratenste der eigenen Kinder doch das eigene Kind bleibt als auch ihrer auf den längerfristigen Erhalt der Familie (und der Art) ausgerichteten genetischen Veranlagung eine erfreulich subversive Kraft dar. In dem Maße, wie sich die politische Linke (der Begriff enstand bekanntlich mit der Sitzverteilung der Liberalen und Konservativen im französischen Parlament) wieder zu ihrem ursprünglichen sozialutopischen Ansatz bekennt, könnte die alte mythische Verbindung von Links und Weiblich so in der Tat einen ganz neuen, für die Menschheit durchaus hoffnungsvollen Sinn erhalten.

Was ist Links? Eine Begriffsbestimmung

Die Beantwortung der oben stehenden Frage mutet geradezu beleidigend einfach an. Bei eingehender Überlegung jedoch wird bald klar, dass die Zuweisung von Rechts und Links im Raum, wie wir sie im Alltag gebrauchen, in letzter Konsequenz immer wieder von der eigenen Sicht oder Händigkeit ausgeht – mithin recht subjektiver Natur ist. In der Tat sind wir nicht ohne weiteres imstande, den Bewohnern einer fernen Galaxis zu übermitteln, welche Richtungen wir mit diesen beiden Begriffen kennzeichnen, es sei denn, wir könnten gemeinsam mit den Fremden ein asymmetrisches Objekt oder eine für beide Planeten gültige Bewegungsrichtung beobachten. Die Physiker bezeichnen diese verblüffende Hilflosigkeit als Ozma-Problem.

Für die Beschreibung der in diesem Buch aufgezählten Phänomene benötigen wir indes ein begriffliches Instrumentarium, das Rechts und Links für die Körperseite bzw. Blickrichtung, die Kreisbahn und die Spirale eindeutig festlegt. Dazu folgende Bestimmungen:

1.) Da wir Rechts und Links als Richtungszuweisung in der Regel zur Beschreibung bilateraler Lebewesen verwenden, kommen wir im Allgemeinen mit der für Wirbeltiere gültigen anatomischen Festlegung aus, dass die zu betrachtende Körperseite stets vom Bezugssystem des untersuchten Tieres aus zu sehen ist, seine rechte Vorderpfote also unserer rechten Hand entspricht etc. (Die Raumzuweisungen an radialsymmetrischen Gebilden – Seesternen, Blüten oder Kristallen sowie biochemischen und atomaren Strukturen werden an entsprechender Stelle gesondert erklärt.)

2.) Die Definitionen von Rechts und Links für die Kreisbewegung gehen wie üblich von der Uhrzeigerrichtung aus. Die Bewegung, die der Zeiger einer gewöhnlichen Analoguhr vollführt, wird als rechtsläufig bezeichnet, die Bewegung entgegen dem Uhrzeiger als linksläufig. Der so festgelegte Lauf der Zeiger hängt vielleicht mit der Konstruktion primitiver Sonnenuhren zusammen. Um 300 v. u. Z. baute der babylonische Priester und Gelehrte Berossos die erste Sonnenuhr mit halbkreisförmigem Zifferblatt; um die Zeitenwende wurden in Rom sogar Taschensonnenuhren für Reisende verfertigt. Bekanntlich dreht sich unsere Erde von Osten nach Westen an der Sonne vorbei, die Sonne folgt ihrer scheinbaren Bahn über dem Äquator. Sowohl auf der Nord- als auch auf der Südhalbkugel würde der Schatten eines senkrecht in den Boden gesteckten Stabes vom Sonnenaufgang bis zum Sonnenuntergang von Westen nach Osten wandern und jeweils zur Mittagsstunde in Athen leicht nach Norden, in Kapstadt leicht nach Süden weisen. Für den vor der Öffnung der halbkreisförmigen Skala stehenden Betrachter aber beschreibt dieser Schatten auf der Nordhalbkugel eine Rechtsbewegung und auf der Südhalbkugel eine Linksbewegung (Abb. 72). Da die ersten Sonnenuhren, wie erwähnt, nördlich des Äquators entstanden, ist es durchaus möglich, dass sich ihre Einteilung aus Gewöhnungsgründen später auch beim Zifferblatt der mechanischen Uhren durchgesetzt hat.

3.) Die unterschiedliche Festlegung von Rechts und Links bei der Spiral- oder Schraubenbewegung hat immer wieder Meinungsverschiedenheiten zwischen Zoologen und Botanikern heraufbeschworen und schließlich zu der wahrhaft salomonischen Entscheidung geführt, die bevorzugte Wachstumsrichtung der Schlingpflanzen als linksgewunden aber rechtsgeschraubt zu bezeichnen. Diese Definition ist deshalb so wichtig, weil sie sämtliche Wissensgebiete durchzieht. (So zwingt sie beispielsweise die Biochemiker, zu erklären, wie linksdrehende Isomere von Aminosäuren rechtsgedrehte Proteine aufbauen sollen und stellt den Ornithologen vor das Paradoxon, dass ein über die linke Körperseite auffliegender Vogel einen Linksbogen als Segment einer Rechtsspirale beschreibt!) Überdies ist sie ein wirklich bemerkenswertes Beispiel dafür, was eine als eindeutige Formbeschreibung gedachte und dafür zweifellos brauchbare Faustregel anrichten kann, wenn sie unkritisch zur Beurteilung von Entwicklungs- und Wachstumsprozessen herangezogen wird.

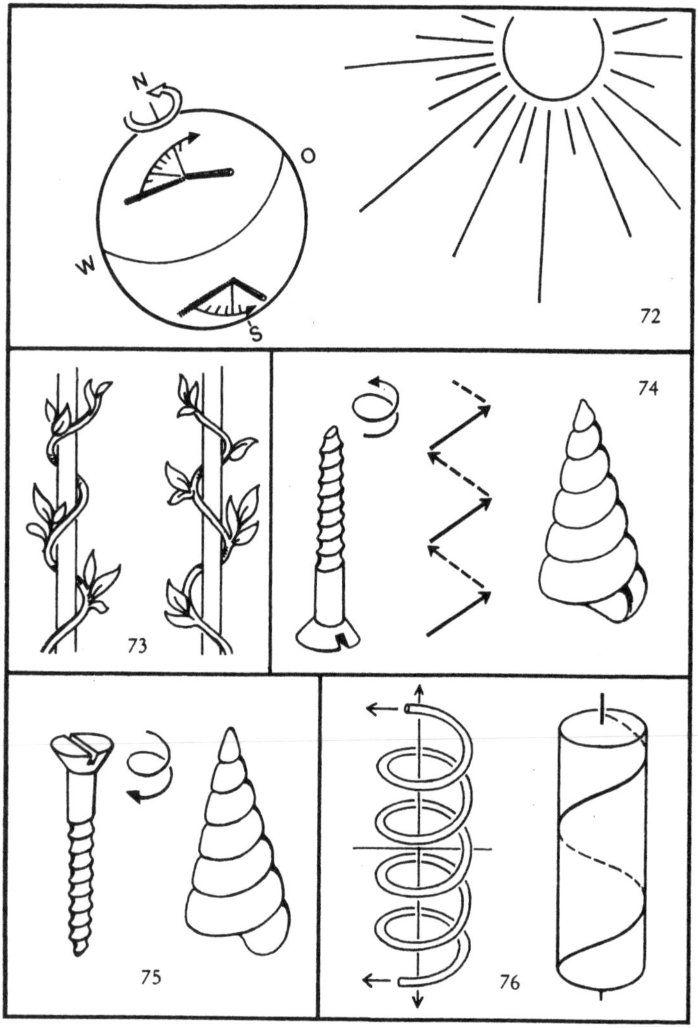

Abb. 72. – 76. Arbeitsdefinitionen Links und Rechts (Krebs)

(Im Kapitel Biochemie wird auf ein ähnlich geartetes Problem eingegangen, die Neubewertung der ursprünglich mit »dexter«, also rechtsdrehend, bezeichneten Milchsäure als Links-Isomer.)

Der Botaniker geht bei der Einstufung der Windepflanzen von der Kreisbewegung der Sprossspitze aus. Erfolgt diese Bewegung entgegen dem Uhrzeigersinn, spricht er von Linkswindern (Abb. 73a), im umgekehrten Fall von Rechtswindern (Abb. 73b). Der Zoologe hingegen bezeichnet eine Spirale als rechtsgeschraubt, wenn sie dem Lauf einer rechtsgewundenen Holzschraube folgt. Diese Schraube jedoch wurde nicht etwa definiert, sondern, ganz wie die »Drehung im Uhrzeigersinn«, seit Jahrhunderten im Sinne einer technischen Übereinkunft verwendet – stellt also ihre eigene Definition dar. Ausschlaggebend für die Benennung als »Rechtsgewinde« war dabei nicht, dass sie in Uhrzeigerrichtung gewunden wäre, das ist auch gar nicht der Fall (Abb. 74a), sondern weil sie sich, vom Schraubenkopf aus gesehen anscheinend (!) mit einer Rechtsdrehung ins Holz frisst. Modernere Auslegungen gehen von der Richtung der sichtbaren und verdeckten Umgänge aus (Abb. 74b). Im ersten Fall bleibt die Translation (also die Richtung des Vortriebs), im zweiten die Kreisbewegung unberücksichtigt. Nimmt man die leicht dezentral gelegenene Spitze oder irgendeinen beliebigen Punkt ihrer Umgänge zum Maßstab, beschreibt eine rechtsgewundene Schraube dieselbe Bewegung wie die Mehrzahl der Windepflanzen und Schnecken – eine Linksdrehung (Abb. 74c)! Wollten wir eine solche Schraube durch die Zimmerdecke bohren, würde der über uns wohnende Mieter die Frucht unserer Bemühungen zwar sicherlich äußerst missmutig, aber nichtsdestoweniger entgegen dem Uhrzeigersinn, also linksherum, auf sich zuwachsen sehen.

Die zoologische Übertragung des Schraubengewindes auf die Schnecke erfolgte lediglich aufgrund seiner gleichfalls konischen Struktur einerseits und der Anschrägung der Windungen im Raum andererseits (Abb. 74d). Eine Gegenüberstellung von Schraube und Schnecke zur Charakterisierung von Wachstum und Entwicklung müsste jedoch genau umgekehrt erfolgen (Abb. 75a, 75b). Die Drehung der Windepflanzen von unten nach oben entgegen dem Uhrzeigersinn erfolgt also richtungsgleich zum Wachstum der Schnecken von oben nach unten im Uhrzeigersinn. In beiden Fäl-

	links	rechts
Schnecken	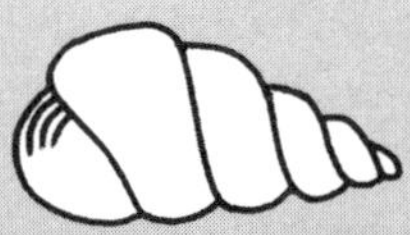	
Schraubenförmige Pflanzen	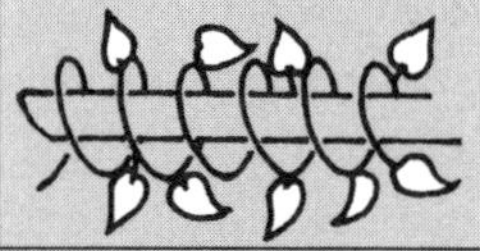	
Schraubenförmige Bakterien		
Proteine und DNS	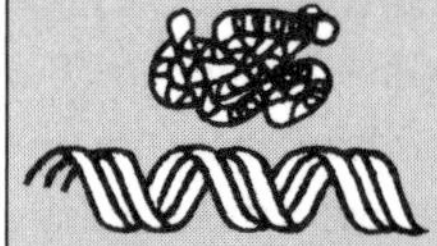	sehr selten in der Natur
Aminosäuren	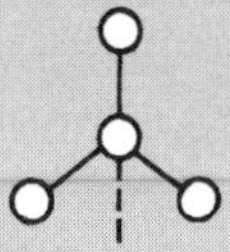	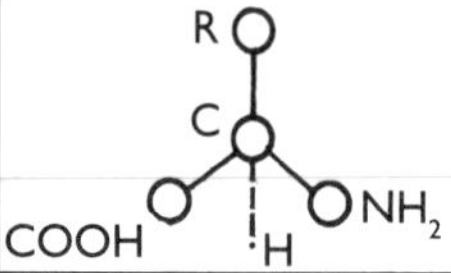
Chirale Ströme in Atomen	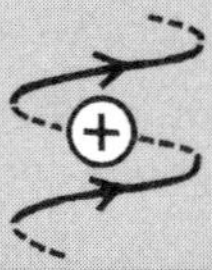	
Beta-Zerfall	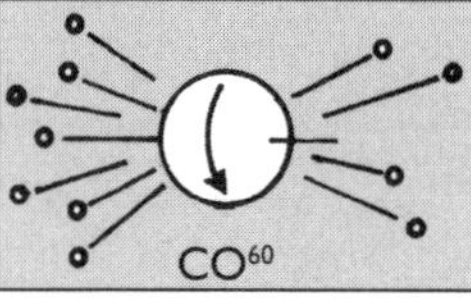	

Abb. 77. Bevorzugte Wachstums- oder Bewegungsrichtungen von Organismen und Elementarteilchen (verändert nach Hegstrom/Kondepudi)

len handelt es sich um Linksphänomene! Und die Mehrzahl der Schnecken ist folglich nicht rechts-, sondern linksgewunden! Bedauerlicherweise wurde die Holzschraube auch immer wieder zur Festlegung der Windungsrichtung von Spiralen in anderen Bereichen herangezogen. Nichtsdestoweniger ist sie – als unveränderliches Objekt einer Bewegung – zur Verdeutlichung von Lebens- und Wachstumsprozessen nur bedingt geeignet. Wir werden uns also ein neues begriffliches Instrument zulegen müssen, das uns auf den Seiten dieses Buches begleitet hat:

Eine Wachstumsstruktur oder Schraubenbewegung, die senkrecht und fixiert auf die Achse ihrer Resultierenden gestellt, eine aufwärts gerichtete Translation mit einer Kreisbewegung entgegen dem Uhrzeiger beschreibt, wird linksgewundene Spirale oder Normspirale genannt (Abb. 76).

Dabei ist es irrelevant, welches Ende der Spirale betrachtet wird. Diese Normspirale entspricht in ihrer Laufrichtung der bevorzugten Windungsrichtung der Windepflanzen und schraubenförmigen Bakterien, der vorrangigen Baurichtung der Schneckengehäuse, der Alpha-Helix der Proteine und der Desoxyribonukleinsäure sowie der natürlichen chiralen Ströme in den Atomen (Abb. 77).

Über diese Arbeitsdefinitionen hinaus, wurde im Kapitel »Physikalisch-technische Aspekte« noch auf die sogenannte Linke- und Rechte-Hand-Regel eingegangen, die für die Modellbeschreibung physikalischer Felder und Elementarteilchenbewegungen von Bedeutung ist. (So handelt es sich bei der Bewegungsform der im unteren Feld von Abb. 77 dargestellten Mehrzahl der Elektronen nicht um eine Schraube, sondern um eine linksgerichtete Ausstrahlung, die in diesem speziellen Falle mit der linkshändigen zusammenfällt.)

Nachlese

Ein Überblick zu jüngeren physikalischen und biologischen Forschungen

Neben den administrativen Eingriffen, die es bei der Bearbeitung des Themas gab, hat es auch bei Wissenschaftlerkollegen ein gewisses Maß an Skepsis gegenüber unserer Darstellung der Naturzusammenhänge gegeben. Besonders Professor Steenbeck warnte vor allzu schnellen und weitreichenden physikalischen Interpretationen. Das ließ damals den Entschluss in mir reifen, mich nicht als Koautor an der Erstausgabe des Buches zu beteiligen. Diese Entscheidung ist mir durchaus schwer gefallen, da ich eine Vielzahl der beschriebenen Experimente selbst vorgeschlagen hatte und an der Auswertung fast aller Experimente beteiligt war. Es blieb immer das gleiche Ergebnis: Die Experimente funktionierten, sie belegten eine Bevorzugung der Linksdrehung. Dennoch warfen sie für mich zunächst mehr Fragen auf, als sie Antworten gaben. Immerhin waren es nur langsame mechanische Drehungen gegensätzlichen Richtungssinns, denen wir unterschiedlichste Lebewesen aussetzten. Reichte das aus für weitreichende Thesen?

Aus heutiger Sicht der Naturwissenschaft lassen sich einige Interpretationen gewiss differenzierter betrachten. Aber grundsätzlich waren wir auf dem richtigen Weg. Weiterführende Beiträge von den Mitgliedern des damaligen Forscherteams haben inzwischen geholfen, Erklärungslücken zu schließen. Auch andere Forschungen konnten unseren Ansatz bestätigen.

Wir Beteiligten folgten in unseren Beobachtungen und Analysen zur chiralen Symmetriebrechung Pasteurs Überzeugung, »dass das Leben, so wie es sich uns manifestiert, eine Funktion der Dissymmetrie des Universums ist – oder der Folgen, die diese mit sich führt«. Mit Entstehung der Quantentheorie konnte eine physikalische Fundierung der Theorie der chemischen Bindung gefunden werden. Doch auch wenn sich Lebensphänomene im molekularen Bereich durch Gesetzmäßigkeiten der Physik und Chemie hinreichend beschreiben lassen, steht uns selbst innerhalb der Physik noch keine ganzheitliche Naturbeschreibung zur Verfügung. So musste auch die Frage nach dem Einfluss der Drehung auf die chiralen Moleküle in unserem Experiment neu gestellt werden.

1971 entdeckte M. Eigen eine Unzulänglichkeit der physikalischen Theorien in Bezug auf die Lebensphänomene. Er wies nach, dass Informationswechsel die eigentliche Voraussetzung für die Biologie ist. Während Anorganisches zwar Information aufnehmen, übertragen und speichern kann, verfügt aber nur Biotisches über die Fähigkeit, diese Information zu bewerten. Und zwar nicht nur als äußeren Einfluss, sondern auch in eigenen Reaktionen, die durchaus über reine Physik hinausgehen können. Die Information selbst wird nach ihrer Eignung für Reproduktion oder Überleben eingestuft. Entsprechende Systeme mit einschränkenden Bedingungen für das Überleben bezeichnete Eigen als »Darwin-Systeme«. In ihnen entscheidet einzig der Selektionswert über den Erhalt, die Funktion und die Weitergabe einer gewonnenen Information.

In der kritischen Nachbereitung unserer Experimente fanden wir dieses Kriterium in unseren Versuchsanordnungen bestätigt. Alle Wachstumsversuche wurden von uns unter selektiven Bedingungen ausgeführt. Hefe- und Tumorzellen sind, ebenso wie fast alle Normalzellen des menschlichen Organismus, in der Lage, Nährstoffe je nach Sauerstoffverfügbarkeit auf zwei konkurrierenden Wegen umzusetzen: Atmung (in Sauerstoffgegenwart) und Gärung (ohne Sauerstoff). Beide Wege basieren auf der Verstoffwechselung von Kohlenhydraten und dienen der Lebenserhaltung. Für unsere Experimente mit lebenden Zellen benutzten wir als Nährlösung fast ausschließlich natürliche Kohlenhydrate (also Isomere und nicht ihr synthetisches Racemat). Dennoch handelt es sich dabei nicht um ein optimales Nährmilieu, wie es in wissenschaftlichen Laboratorien für die Zellzucht üblicherweise genutzt wird. Lebenserhaltung bedeutet nicht nur Energiegewinnung, sondern unter anderem auch Erneuerung der Zellbausteine. Handelsübliche Nährmilieus enthalten daher neben vielen weiteren Stoffen nicht nur Kohlenhydrate, sondern auch Aminosäuren. Diese liegen in der Natur fast ausschließlich in der Links-Form vor, Kohlenhydrate dagegen in der Rechts-Form. In der Absicht, durch Ausschließen möglichst vieler Nebeneffekte nur eine Wirkung zu verifizieren, entschieden wir uns für in Wasser gelöste Kohlenhydrate als Nährlösung. Unbewusst schufen wir so ein System, in dem die Reproduktion eine Degeneration nicht ausschließt, zugleich aber eine Auslese konkurrierender Lebenserhaltungsprozesse ermöglicht – also ein System mit einschränkenden Bedingungen, eben ein »Darwin-System«. So zeigten unsere Wachstumsversuche keinen Unterschied zwischen Links- und Rechtsdrehung, sobald wir ein handelsübliches, für reine Wachstumsversuche optimiertes Nährmedium verwendeten. Mehr noch: Wurden den Hefezellen mit der Nährlösung Kohlenhydrate im Überschuss, Aminosäuren hingegen nur begrenzt angeboten, führte die Nährmittelerschöpfung zunächst zu einem gleichwertigen Rückgang der Zellzahlen in beiden Drehgefäßen. Nach wenigen Tagen erhöhte sich jedoch die Zellzahl in der von oben gesehen rechtsdrehenden Zellsuspension gegenüber der in der linksgedrehten.

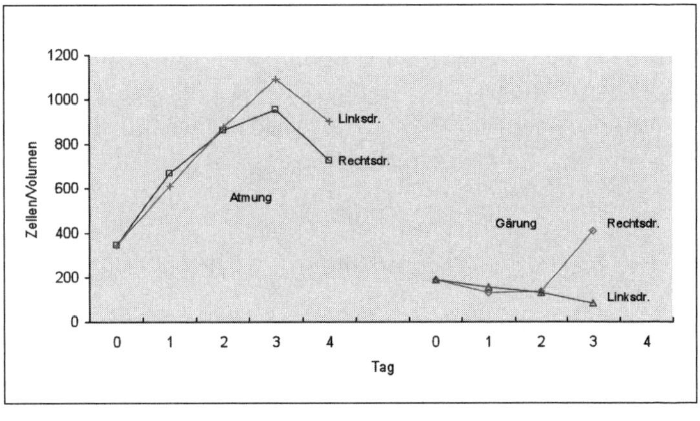

Keimzahlbewegung der Hefezellen

Rechts und Links waren offenbar nur in den Systemen beschränkten Nahrungsangebotes oder anderer begrenzender Faktoren nicht gleichwertig für die Reproduktion.

Schlagartig wurde klar, warum Effekte, wie wir sie sahen, in andere Laboratorien bisher nie beobachtet wurden, obwohl gerade Drehen und Rühren zu den selbstverständlichsten Arbeitsmethoden zählen. Es wurde aber auch deutlich, dass selbst der interessierteste Mitstreiter bei Unkenntnis dieser spezifischen Versuchsbedingungen zu abweichenden Ergebnissen kommen musste.

Bei unseren Strahlungsversuchen stellt sich die Sache etwas einfacher dar. Der Einfluss eines starken Strahlungsfeldes ist mit den Begriffen »Mutabilität, Selektivität und Überlebensdruck« theoretisch befriedigend in seinem »Darwin-Verhalten« erklärt. Was fehlt, ist das Wissen um seine Gesamtkopplung an die belebte Natur. Unsere Kritik an der damals fast ausschließlichen Nutzung der herkömmlichen Röntgenstrahlung und Radioaktivität zur konventionellen Strahlentherapie bei Tumoren und unsere Empfehlung zur Entwicklung neuer Therapieansätze in der Bestrahlung mit Teilchen »maßgeschneiderter Chiralität« haben sich daher am schnellsten als richtig erwiesen. Auch wenn es anmaßend wäre, einen ursächlichen Zusammenhang zu den von uns durchgeführten Experimenten zu konstruieren, bleibt es eine erfreuliche Tatsache, dass die heutige Zeit reif ist für neue Krebstherapien unter Nutzung von Teilchen aus modernen Hochenergiebeschleunigern. Je nach eingesetzter Strahlenart steht eine in der Unterscheidung zwischen gesundem und entartetem Gewebe selektiver wirkende, nachhaltigere Therapie in Aussicht.

Ausgehend von Pasteurs Überzeugung »L'univers est dissymétrique«, stellt sich die Frage, ob auch das Leben eine Folge dieser Dissymmetrie ist. Es fehlte der direkte Nachweis, dass sich »links« oder »rechts« ursächlich auf physikalische Eigenschaften zurückführen lassen. Für die Festlegung »rechts/links-chiral« bedarf es für den außenstehenden Beobachter der Bezugnahme auf ein Vergleichsobjekt, der Hände oder des

Uhrzeigersinns. Doch woher weiß das Versuchsobjekt, wo rechts und wo links ist? Einstein kämpfte stets für eine vom Beobachter unabhängige Physik. Die Quantentheorie hingegen hat dem Beobachter einen Sonderstatus eingeräumt, er ist selbst Teil des Experiments und beeinflusst dessen Ausgang und die Messung. Nun gelten die uns vertrauten nichtrelativistischen Gesetze der einfachen mechanischen Bewegung zwar näherungsweise für Geschwindigkeiten weit unterhalb der Lichtgeschwindigkeit, also für jenen Bereich, in dem wir unsere Experimente durchführten. Für eine Verallgemeinerung der Ergebnisse darf jedoch der erkenntnistheoretische Aspekt des Beobachters nicht außer Acht gelassen werden. Wir befanden uns daher mit einer mechanistischen Interpretation der Wechselwirkung zwischen Biologie und Physik, wie man es der vereinfachten Darstellung im vorliegenden Buchtext unterstellen könnte, nicht nur mitten im bis heute anhaltenden grundsätzlichen Streit zwischen den Interpretationen durch Quanten- und Relativitätstheorie, sondern mischten uns unmittelbar in diesen ein.

Chiralität nennt man die Eigenschaft bestimmter Objekte oder Systeme, deren Spiegelbild durch Drehung nicht mit dem Original zur Deckung gebracht werden kann. Um die Rolle des Beobachters definieren zu können und den Wertbegriff »links« oder »rechts« in obigem Beispiel (Uhrzeigersinn oder Hände) auf physikalische Eigenschaften zurückzuführen, gilt es, dem System physikalische oder biologische Gegebenheiten bzw. Wirkungen zweier einander spiegelbildlicher Systeme zuzuordnen. So sind die Begriffe »von oben ...« oder »von unten gesehen« durch Begriffe wie »in Richtung ...« oder »entgegen der Gravitation« zu ersetzen. Im biologischen Sinne unserer Zellexperimente wäre ein Begriffspaar wie »zur Sauerstoffverfügbarkeit hin« oder »ihr entgegen« scheinbar gleichwertig. Doch hier ist Vorsicht geboten. So ist die Atmung von Zellen nicht das direkte Gegenstück zur Gärung, sondern ein konkurrierendes Element, mit entgegengesetzter Funktion für den Systemerhalt, d. h. Wertelement für die Biologie.

Im physikalischen Sinne wäre »entgegen der Gravitation« nicht zwingend identisch mit der Wertigkeit »in Richtung der

Antigravitation«. Mit Antigravitation wird heute eine besondere Form der Energie verbunden für die Einstein 1917 die kosmologische Konstante einführte, deren Größe bis heute umstritten ist. In seinen Gleichungen zur Relativitätstheorie tritt sie als mathematische Konstante auf, während die Gravitation mittels mathematischer Tensoren beschrieben wird, d. h. anderer Wertigkeit.

In den Pflanzenversuchen ließ sich ein vergleichbares Kriterium finden. Dass Pflanzenorgane die Fähigkeit besitzen, unter dem Einfluss der Schwerkraft eine bestimmte Wuchsrichtung oder Lage einzunehmen, bezeichnet man als Geotropismus. Wurzeln zum Beispiel wachsen positiv geotrop, also zum Erdmittelpunkt hin. Wir konnten diesem Effekt in unseren Experimenten jedoch durch die von bestimmten Antriebsmotoren für unsere Drehversuche erzeugte leichte Wärmeerzeugung entgegenwirken. Sobald das lebensnotwendige Wasser auf dem Filterpapier am Boden unserer hohen rotierenden Glasgefäße temperaturbedingt verdunstete und sich am kälteren Deckel niederschlug, folgte die Ausrichtung der Pflanzen diesem Weg. Die Pflanzen wuchsen mit den Wurzeln nach oben. Gerade bei derartigen Versuchen zeigte sich der Unterschied zwischen Links- und Rechtsdrehung deutlich.

Die aktuelle Physik sucht zur Beantwortung der Frage »Wie entsteht die uns vertraute Materie?« mit gigantischen Teilchenbeschleunigern die Geburt des Kosmos im Labor nachzuvollziehen und seine Elementarereignisse zu ergründen. Dabei sind pro Sekunde über 100 Millionen Messdaten zu registrieren. Einzelne Rechenzentren wären nicht in der Lage diese Datenmengen zu bewältigen und selbst mit Parallelrechnersystemen würden die Ergebnisse erst in Jahren zur Verfügung stehen. Unsere Experimente zielten in die entgegengesetzte Richtung: »Wie organisiert sich Materie zur uns vertrauten Natur?«

Messtechnisch ergibt sich hier ein erheblicher Vorteil. Denn obwohl zum Beispiel die Gravitation die schwächste aller physikalischen Wechselwirkungen ist, namentlich etwa 10^{38}-mal schwächer als die bekannten elementaren Wechselwirkungen aus der Quantentheorie, sind wir doch jederzeit in der Lage, sie in einfach ausgestatteten Laboratorien, gegebenenfalls auch zu Hause, zu messen. Weit schwieriger ist der Nachweis jener Wechselwirkungen, die der Quantentheorie von Elementarobjekten zugeordnet sind. Wir bedienen uns makroskopisch lediglich größerer Massen als in der Teilchenphysik, um die Gravitation zu messen.

Die Quantentheorie setzte einem analogen Vorgehen jedoch enge Grenzen. Sie beschäftigt sich mit Elementarbausteinen – sobald man diese zusammensetzt, begegnet man neuen Objekten mit neuen Eigenschaften. Beschrieben wird dies durch Phasenübergänge – ein vor allem in der Physik und Chemie benutzter Begriff, um qualitative Zustandsänderungen eines Materials bei Variation der Außenbedingungen zu beschreiben. Das Ausfrieren zu Schneekristallen, die Supraleitung oder das Bose-Einstein-Kondensat sind bekannte Beispiele. Bei Letzterem erreicht man durch Abkühlung von Atomen auf beinahe Null Grad Kelvin, dass die Atome kurzzeitig ihre Eigenständigkeit aufgeben und sich wie ein einziges, messbares Superatom verhalten. Auch am neuesten und größten Teilchenbeschleuniger CERN bei Genf beschäftigt man sich derzeit mit Phasenübergängen von Protonen und Neutronen zu einem äußerst heißen und komprimierten Gemenge aus Quarks. Auf molekularer Ebene, oder bei noch komplexeren Gebilden oder Systemen, spricht man beim Auftreten neuer Strukturen durch Vernetzung der Teile von Selbstorganisation. Ein einfacher Fall von physikalischer Selbstorganisation ist die Wärmezirkulation beim Erhitzen von Flüssigkeiten. Die Theorie der Informationsbewertung in biologischen Systemen folgt einem Modell, das von J. Prigogine mit »Thermodynamik des Lebens« umschrieben wurde.

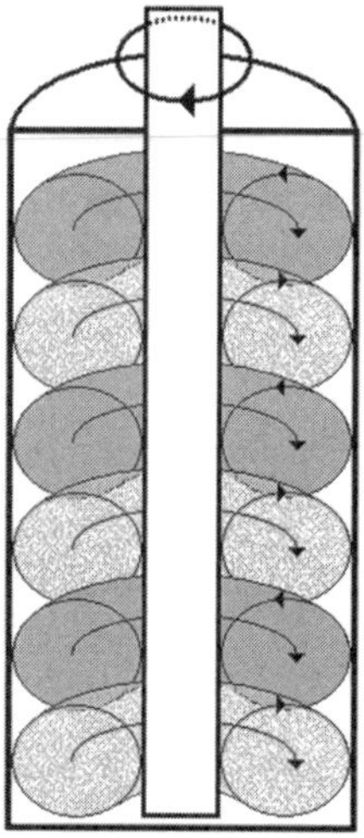

Darstellung der Taylor-Ringe

Doch vermag nicht nur Temperatur, sondern auch mechanische Bewegung Selbstorganisation auszulösen, wie G. I. Taylor bereits 1923 entdeckte. Füllt man den Raum zwischen zwei Zylindern, von denen der Innere rotiert, mit einer Flüssigkeit, so bildet sich bei geringer Winkelgeschwindigkeit eine unverwirbelte Strömung. Oberhalb einer kritischen Geschwindigkeit aber tritt die sogenannte Taylor-Instabilität auf. Es entstehen periodisch aufgeschichtete Ringe entlang der Achse, die ein mit bloßem Auge sichtbares, reguläres Muster einander entgegengesetzt drehender Spiralen bilden. Ich füllte diese Versuchsanordnung nun mit einer racemischen Flüssigkeit, also mit einem Gemisch einer links- und rechtshändigen Substanz, wie der D- und L-Form der Milchsäure, der D- und L-Form der Weinsäure oder ähnlichen organischen Lösungen. Für die Auswertung wurde die unterschiedliche Wirkung der Isomere auf linear polarisiertes Licht genutzt, und ihre optische Aktivität (die Fähigkeit, die Polarisationsebene des Lichtes nach links bzw. rechts zu drehen) gemessen. Bei einem 1:1-Gemisch beider Formen hebt sich die optische Drehung auf. Im Ruhezustand (dem thermischem Gleichgewicht) einer gelösten racemischen Mischung ist innerhalb des Gefäßes, über das gesamte Volumen verteilt, eine gleichmäßige gegenseitige Kompensation des Drehwinkels zu erwarten. Lässt man jedoch den inneren Zylinder so schnell rotieren, dass die Taylor-Phase erreicht wird, und fängt anschließend den Gefäßinhalt unter Beibehaltung der Rotation vorsichtig in kleinen Fraktionen auf, so ändert sich das Bild. Innerhalb der Fraktionen, die zu einem einzigen Ring gehören, zeigt die optische Aktivität positive oder negative Abweichungen vom Ruhewert.

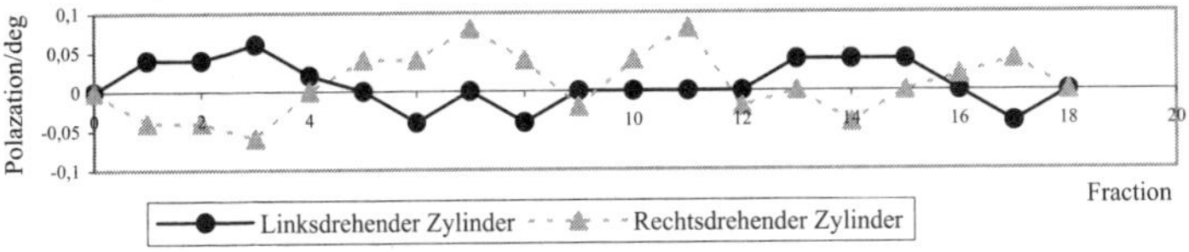

Messergebnisse der Weinsäurefraktionen

Dieses Ergebnis war als Bindeglied für die Dissymmetrie von Organen und Anorganen neu. Enantiomere (spiegelbildliche Formen) verhalten sich in ihren physikalischen und chemischen Eigenschaften weitgehend gleich; sie können nur durch ihr Verhalten gegenüber asymmetrischen Effekten unterschieden werden, die ihrerseits chiral sind. Synthesen chiraler Verbindungen aus nichtchiralen Substanzen ergeben deshalb in der Regel Gemische beider Enantiomere. Das war in der Chemie bekannt, die Trennung mit obiger, rein physikalischer Methode aber nicht. Die Trennung von Racematen erfolgte zu dieser Zeit meist dadurch, dass man sie mit einer optisch aktiven Verbindung reagieren ließ. Beide Produkte einer solchen Reaktion sind zwar stereoisomer, aber nicht spiegelbildlich zueinander. Sie unterscheiden sich in ihren physikalischen Eigenschaften, wie Löslichkeit, Schmelz- und Siedepunkt usw. Eine Zerlegung durch rein physikalische Selbstorganisation war bislang nicht bekannt.

Ich hatte mir im Keller meines Hauses ein kleines Labor eingerichtet, dort das Experiment entwickelt und durchgeführt. Gerade im Hinblick auf die Brisanz meiner Beobachtungen war ich aber von der notwendigen und hinreichenden Empfindlichkeit meiner Messapparatur nicht restlos überzeugt. Umso dankbarer war ich, als sich nur wenig später in einem namhaften Berliner Pharmaunternehmen meine Ergebnisse wiederholen ließen. Dieses Unternehmen verfügte über das damals empfindlichste Polarimeter in Deutschland. Es zeigte sich das von mir erwartete, nahezu gespiegelte Bild zwischen der Linksdrehung und der Rechtsdrehung bei den Drehversuchen mit Weinsäure, jener Substanz, an der auch Pasteur die Grundlagen der Stereochemie entdeckte. Wobei schon die Tatsache, dass überhaupt ein Unterschied zwischen Links- und Rechtsdrehung nachweisbar war, als Überraschung galt. Es bot sich hier eine Ergänzung zum sogenannte Ursuppenexperiment, das von S. L. Miller und H. C. Urey Anfang der fünfziger Jahre durchgeführt wurde. Der Versuchsaufbau war einfach und entsprach in etwa den Vorstellungen, die man von der Atmosphäre vor drei Milliarden Jahren hatte. Gefunden wurden etliche chemische Verbindungen, die in lebenden Organismen vorkommen. M. Eigen hielt es für möglich, dass es schon in der präbiotischen Phase einer Optimierung dieser Verbindungen in Bezug auf Selbstreproduktion und Anpassungsprozesse innerhalb des Universums bedurfte, mit deren Hilfe sich rechts- und linkshändige Enantiomere zu unterscheiden vermochten.

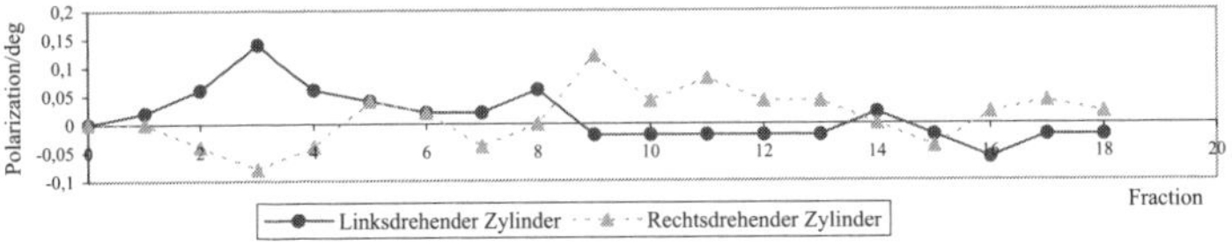

Messergebnisse der Milchsäurefraktionen

Auch die Milchsäure, die wir bereits bei einigen Tumorexperimenten eingesetzt hatten, zeigte ein vergleichbares Verhalten innerhalb der Taylor-Ringe. Letztlich wäre auch dies ein Grund, erneut das Gespräch über die von Professor Ardenne entwickelte Hyperthermiebehandlung der Tumoren zu suchen, die in enger Beziehung zu den gegensätzlichen Mechanismen der Milchsäuregärung bei Normal- und Tumorzelle steht. Die Behandlung geht zurück auf eine Arbeit von O. Warburg, der den Hauptgrund für das Wachstum von Tumoren in der Konkurrenz zwischen Atmung und Gärung der Zellen sah, bei denen der Energiestoffwechsel vorzeitig als Milchsäure endet und nicht vollständig zu CO_2 oxidiert. Warburg erhielt für seine Entdeckung 1931 den Nobelpreis für Medizin, nicht zuletzt weil er die Hypothese der Krebsentstehung durch gestörte Zellatmung schon an Hand exakter Messungen zum Sauerstoffverbrauch lebenden Gewebes nachweisen konnte. Bereits 1924 hatte Warburg seine Hypothesen postuliert und die Mutation als Auslöser von Krebs benannt, obwohl seinerzeit noch niemand etwas von dessen Wirkungsmechanismus wusste. Heutzutage zweifelt kein Wissenschaftler mehr ernsthaft daran, dass Krebs durch Mutationen entsteht, seien diese nun erworben oder vererbt.

Die Bewegung lebendiger Körper in der vermittelnden Sprache der Physik zu beschreiben, stellt nach wie vor eine Herausforderung dar. Selbstorganisation und Evolution als »Thermodynamik des Lebens« zu fassen, wird unter anderem durch den Umstand erschwert, dass bis heute keine allgemeingültige, relativistische Thermodynamik verfügbar ist. 1907 vermuteten Planck und Einstein, dass – analog zur relativistischen Längenverkürzung – die Temperatur eines bewegten Körpers gegenüber dem ruhenden Körper sinken müsse. Andere große Physiker wie Eddington argumentierten hingegen für eine Temperaturerhöhung. Jüngst wurden in den renommierten Zeitschriften »Nature« und »Physical Review Letters« Ergebnisse umfangreicher Computersimulationen zur Molekulardynamik relativistischer Gase veröffentlicht, nach denen die Temperatur eines mit konstanter Geschwindigkeit bewegten Objektes weder steigt noch sinkt. Diese gegensätzliche Diskussion lässt sich aber für beschleunigte Bewegungen umgehen. 1976 entdeckte W. Unruh, dass ein beschleunigter Beobachter sich einer thermischen Strahlung mit einer Temperatur proportional zur Beschleunigung ausgesetzt sieht. Die experimentelle Überprüfung, die zur Zeit als schwierig, aber nicht unmöglich gilt, wird von vielen Laboratorien angestrebt. Doch ist der Effekt vermutlich zu gering, als dass er sich bei Lebenserscheinungen im Experiment nachweisen ließe. Die Temperatur ist durch die gleiche Formel gegeben wie die Strahlungstemperatur eines Schwarzen Loches, wenn man die Beschleunigung des Beobachters durch die Oberflächengravitation eines Schwarzen Loches ersetzt (mithin beobachterunabhängig macht). Dennoch liefert sie für die Physik einen wertvollen erkenntnistheoretischen Aspekt, da sie auch die Rolle des Beobachters berührt. In der physikalischen Theorie ließe sich die Temperatur, der sich ein beschleunigter Beobachter ausgesetzt sieht, mathematisch an Hand eines Schwarzen Loches beobachterunabhängig gestalten.

In unseren biologischen Experimenten zur Symmetrien brechenden Bewegung bei der Erforschung neuer Verbindungen zwischen Physik und Biologie versuchten wir den komplexen menschlichen Beobachter nach und nach durch einfachste Organismen, Zellen und letztlich Anorgane im Versuchsaufbau zu ersetzen. Wie benutzten immer kleiner werdende Bausteine des Biotischen. Wenn man von Händigkeit der kleinsten Bausteine der Physik, das heißt von Helizität im Sinne einer Quantenzahl spricht (die man aus der Projektion des Spinvektors eines Teilchens in Bezug auf dessen Impulsvektor gewinnt), benutzt man die Bewegungsrichtung ebenfalls als Zuordnungskriterium. Angeregt durch die obigen biologischen Experimente lassen sich nunmehr auch einige der eingangs erwähnten weitreichenden physikalischen Thesen bestätigend vertiefen. Für den an der Weiterentwicklung der Physik interessierten Leser lässt sich der beschleunigte Beobachter durch die Wirkung des Unruh-Effektes ersetzen. Berechnet man die Wechselwirkung zwischen der beschleunigungsinduzierten Wärmestrahlung (Unruh-Effekt) und der Chiralität der Elementarbausteine, lassen sich mit diesem Evolutionsmodell in wenigen Schritten einige Fragen lösen, deren Antworten eigentlich erst aus den CERN-Experimenten zu erwarten wären; wie: Warum ist das Proton 1836-mal schwerer als das Elektron? Dies gelingt, indem man das Modell der kosmischen Evolution und das Grundmodell der spontanen Symmetriebrechung aus der Elementarteilchenphysik miteinander verbindet. Auf diese Weise lässt sich unter anderem auch Einsteins kosmologische Konstante berechnen.

Zusammenfassend darf man formulieren, dass sich unsere ersten Beobachtungen durch die Forschungen der letzten 20 Jahre nicht nur im Experiment, sondern auch in der theoretischen Widerspiegelung bestätigen und vertiefen ließen. In dem Bemühen um eine durchgängige Naturbeschreibung wurde immer deutlicher, dass Symmetriebrechungen nicht nur in der Suche nach einer Vereinigung physikalischer Fundamentalkräfte eine Schlüsselstellung einnehmen, sondern auch eine Entsprechung und Fortführung in der generellen Fähigkeit der Materie finden, sich Symmetrien brechend zu organisieren und immer komplexere Strukturen zu bilden, bis hin zur Biologie.

Panketal, im Juni 2009 Manfred Ritschel

Anhang

Verwendete und weiterführende Literatur

Die folgenden Literaturangaben dienen in erster Linie dem Quellennachweis, sollen aber auch eine weiterführende Beschäftigung mit der Thematik erleichtern helfen. Ausführlichere Bibliografien zur Rechts-Links-Problematik finden sich in den wissenschaftlichen Sammelwerken der einzelnen Fachgebiete, so bei W. Ludwig zur Zoologie, bei N. N. Bragina und T. A. Dobrochotowa zu den Funktionellen Asymmetrien des Menschen, bei Hückel zur Stereochemie usw.

Bachofen, J. J.: Das Mutterrecht. Basel 1861.
Beier, W.: Biophysik. Leipzig 1975.
Beust, T.: Unser Sternhimmel. Leipzig, Jena, Berlin 1967.
Bonner, W. R.; Dort, M. A.; Yearian, M. R.: Search for selectivity in interactions of chiral solvated electrons. In: Nature, Jg. 1975.
Boveri, T.: Die Entwicklung von Ascaris megalocephala mit besonderer Berücksichtigung auf die Kernverhältnisse. Jena 1899.
Bragina, N. N.; Dobrochotowa, T. A.: Funktionelle Asymmetrien des Menschen. Leipzig 1984.
Burfield, S. T.: The Spiral in Nature. Liverpool 1927.
Büsgen, M.: Bau und Leben unserer Waldbäume. Jena 1927.
Buschik, R.: Sternenkunde und Erdgeschichte. Leipzig 1927.
Compton, R. H.: On right- and left-handedness in barley. Cambridge 1910.
Compton, R. H.: A further contribution to the study of right- and left-handedness. Cambridge 1912.
Crampton, H. E.: Studies on the variation, distribution and evolution of the genus Partula. Washington 1925.
Daber, R.: Das Einfache und das Komplizierte in der Pflanzenwelt in Struktur und Prozeß. Berlin 1977.
Daber, R.; Helms, J.: Das große Fossilienbuch. Leipzig, Jena, Berlin 1978.
Dalitzsch, H. R.: Pflanzenbuch. Eßlingen, München 1897.
Ditfurth, H. v.: Im Anfang war der Wasserstoff. München 1981.
Dörfelt, H. (Hg.): BI-Lexikon Mykologie. Leipzig 1988.
Dubos, R.: Pasteur and Modern Science. Anchor 1960.

Dunschen, F.: Inversentwicklung und Mosaikabfrage bei Ascarismega locephala. Roux' Archiv 1929.
Ebeling, W.: Strukturbildung bei irreversiblen Prozessen. Leipzig 1976.
Eigen, M.: Selforganization of Matter and the Evolution of Biological Macromolecules. In: Naturwissenschaften, Jg. 1971.
Einstein, A.: Mein Weltbild. Berlin 1957.
Flach, K.: Über eine rechtsgewundene Rasse der Clausilia (Papillifera) leucostigma Rossm. Aschaffenburg 1907.
Fraas, E.: Der Petrafaktensammler. Stuttgart 1910.
Francé, H.: Harmonie in der Natur. Stuttgart 1926.
Franck, R. H.: BIOS – die Gesetze der Welt. Stuttgart, Heilbronn 1923.
Franz, F.: Geschichte der Organismen. Jena 1924.
Friedrich, W.: Zwillinge. Berlin 1983.
Friedrich, W.; vel Job, E. K. (Hg.): Zwillingsforschung international. Berlin 1986.
Fritsch, V.: Links und Rechts in Wissenschaft und Leben. Stuttgart 1964.
Gardner, M.: Das gespiegelte Universum – (Links, rechts und der Sturz der Parität). Braunschweig 1967.
Garett, A.: The terrestrial Mollusca inhabiting the Society Islands. Philadelphia 1884.
Gilde, W.: Gespiegelte Welt. Leipzig 1979.
Gnaffron, M.: Right and Left in Pictures. In: Art Quarterly, Jg. 1950.
Grabet, M.: La Pensée chinoise. Paris 1934.
Grzimek, B.: Zwanzig Tiere und ein Mensch. Berlin 1975.
Günther, H.: Das Schraubungsprinzip in der Natur. In: Biologisches Zentralblatt, Jg. 1919.
Günther, H.: Die biologische Bedeutung der Inversionen. In: Biologisches Zentralblatt. Jg. 1923.
Guiot, M.: Proizchozdenie idei vremeni. St. Petersburg 1899.
Guldberg, F. O.: Die Circularbewegung als tierische Grundbewegung – ihre Ursache, Phänomenalität und Bedeutung. In: Biologisches Zentralblatt, Jg. 1896.
Hawking, S. W.: Eine kurze Geschichte der Zeit. Frankfurt/M. 1988.
Hegstrom, R. A.; Kondepudi, D. K.: Händigkeit im Universum. In: Spektrum der Wissenschaft 1990.
Hörz, H.; Nowinski, C.: Gesetz, Entwicklung, Information. Berlin 1979.
Hörz, H.; Wessel, H. und K.-F. (Hg.): Struktur – Bewegung – Entwicklung, Berlin 1985.
Hückel, W.: Theoretische Grundlagen der organischen Chemie. Leipzig 1956.
Janoschek, R.: Zur Linkshändigkeit in der Natur. In: Naturwissenschaftliche Rundschau, 1986.

Kant, I.: Von dem ersten Grunde des Unterschiedes der Gegenden im Raume. Königsberg 1768.
Kern und Elementarteilchenphysik. Berlin 1988.
Klähn, H.: Das Problem der Rechtshändigkeit vom geologisch-paläontologischen Gesichtspunkt betrachtet. Berlin 1925.
Kleine Enzyklopädie Leben. Leipzig 1978.
Kleine Enzyklopädie Natur. Leipzig 1983.
Kleine Enzyklopädie Struktur der Materie. Leipzig 1982.
Kobler, R.: Der Weg des Menschen vom Links- zum Rechtshänder. Wien und Leipzig 1932.
Kondepudi, D. K.; Nelson, G. W.: Weak neutral currents and the origin of biomolecular chirality. In: Nature 1985.
Krumbiegel, G.; Walther, H.: Fossilien. Leipzig 1977.
Kühn, A.; Hadorn, E.; Wehner, R.: Allgemeine Zoologie. Stuttgart 1972.
Lamy, E.: Quelques mots sur la torsion de la coquille chez les Lamellibranches. Paris 1928.
[Lao-tse] Die Bahn und der rechte Weg des Lao-tse. Leipzig 1921.
Lee, T. D.: Weak Interactions and Non-Conservation of Parity. In: Les Prix Nobel 1957, Stockholm 1958.
Ley, H.: Struktur – Bewegung – Entwicklung (Aufgaben und Tendenzen). In: Struktur und Prozeß, Berlin 1985.
Libbert, E.: Kompendium der Allgemeinen Biologie. Jena 1976.
Lindner, H.: Das Bild der modernen Physik. Jena, Berlin 1973.
Ludwig, W.: Das Rechts-Links-Problem im Tierreich und beim Menschen. Berlin 1932.
Meyer, R.: Die ursächlichen Beziehungen zwischen dem Situs inversus und dem Situs cordis. In: Roux' Archiv 1913.
Needham, J.: Science and Civilisation in China. Cambridge 1956.
Nicolle, J.: Die Symmetrie und ihre Anwendungen. Berlin 1954.
Noll, F.: Über die verschiedenen Windungsrichtungen der Schlingpflanzen. Hermannstadt 1896.
Nowikow, I. D.: Evolution des Universums. Leipzig 1982.
Pasteur, L.: Dissymétrie Moléculaire. In: Œuvres de Pasteur, Paris 1922.
Piaget, J.: L'Epistémologie génétique. Genf 1949.
Pressler, K.: Beobachtungen und Versuche über den normalen und inversen Situs viscerum et cordis bei Anurenlarven. In: Roux' Archiv 1911.
Przibram, H.: Die »Scherenumkehr« bei decapoden Crustaeen. In: Roux' Archiv 1908.
Radunskaja, I.: »Verrückte« Ideen. Moskau 1972.
Rapoport, S. M.: Medizinische Biochemie. Berlin 1969.
Reh, L.: Über Asymmetrie und Symmetrie im Tierreiche. In: Biologisches Zentralblatt 1899.

Richter, P. H. Schranner, R.: Leaf Arrangement – Geometry, Morphogenesis and Classification. In: Naturwissenschaften, Jg. 1978.
Ritschel, M.; Wachtel, S.: Ein interdisziplinärer Beitrag zur Evolutions theorie. Dissertationsschrift, Berlin 1987.
Rompe, R.; Treder, H.-J.: Quantenpostulate, Atommodell und Meßprozeß. In: Wissenschaft und Fortschritt, Jg. 1985.
Sachs, H.; Badstübner, E.; Neumann, H.: Christliche Ikonographie in Stichworten. Leipzig 1980.
Sagan, C.: ... und werdet sein wie Götter (Das Wunder der menschlichen Intelligenz). München, Zürich 1978.
Schmidt, R. F.; Thews, G.: Physiologie des Menschen. Berlin, New York, Tokyo 1987.
Schubert, R.; Wagner, G.: Pflanzennamen und botanische Fachwörter. Leipzig, Radebeul 1988.
Sergejew, B. F.: Müssen Fische trinken? – Eine unterhaltsame Physiologie. Leipzig 1973.
Speemann, H.: Über die Determination der ersten Organanlagen des Amphibienembryo. In: Roux' Archiv 1918.
Speemann, H.; Falkenberg, H.: Über asymmetrische Entwicklungen und Situs inversus viscerum bei Zwillingen und Doppelbildungen. In: Roux' Archiv 1919.
Sperry, R.: Some general aspects of interhemispheric integrations. In: Interhemispheric Relations and Cerebral Dominance. Baltimore 1967.
Sperry, R.: A modified concept of consciousness. In: Physiological Review 1969.
Stier, E.: Untersuchungen über Linkshändigkeit. Jena 1911.
Strasburger, E. u. a.: Lehrbuch der Botanik. Stuttgart, New York 1983.
Strassen, O. L.: Zur Embryonalentwicklung der Ascaris megalocephala. In: Roux' Archiv 1896.
Struktur und Formen der Materie. Berlin 1969.
Tembrock, G.: Verhaltensforschung. Jena 1964.
Tembrock, G.: Biokommunikation. Berlin 1971.
Tokarew, S. A.: Die Religion in der Geschichte der Völker. Berlin 1976.
Treder, H.-J.: Philosophische Probleme des physikalischen Raumes. Berlin 1974.
Urania Pflanzenreich in drei Bänden. Leipzig, Jena, Berlin 1973;
Urania Tierreich in 18 Bänden. Leipzig-Jena-Berlin 1971.
Varge: Fortschritte der experimentellen und theoretischen Biophysik. Leipzig 1976.
Werner, F.: Asymmetrie im Tierreich. In: Naturwissenschaftliche Wochen schrift, Jg. 1915.
Weyl, H.: Symmetrie. Basel und Stuttgart 1955.
Wildmann, E. E.: Why do ciliated animals rotate counterclockwise while swimming? In: Science 1926.

Wölfflin, H.: Über das Rechts und Links im Bilde. In: Jahrbuch der bildenden Kunst, 1928.
Wörterbuch der Pflanzenphysiologie. Jena 1984.
Yang, C. N.: The Law of Parity Conservation and other Symmetry Laws of Physics. In: Les Prix Nobel 1957, Stockholm 1958.
Zazzo, R.: Les jumeux, le couple et la personne. Paris 1960.

Angaben zu den Autoren

Andrej Jendrusch
Jahrgang 1958; Studium der Romanistik; Arbeit als Dolmetscher; Übersetzer, Herausgeber und Publizist.

Manfred Ritschel
Jahrgang 1948; 1966–72 Studium der Hochfrequenztechnik und Promotion; später externes Studium in den Fächern Immunologie und Philosophie mit Promotion und Habilitation im Fach Wissenschaftsphilosophie; seit 1973 vorwiegend in der medizinischen und pharmakologischen Forschung tätig, seit 2008 im Ruhestand.

Siegfried Wachtel
1930–1998; Studium der Medizin, Promotion im Bereich Immunologie; Arbeit als Mikrobiologe, Chirurg und Laborleiter; zweite Promotion zum Dr. phil.